まえがき

　2022年3月に閣議決定された新水産基本計画は，2018年の漁業法大改正の後，初めて策定された基本計画であり，今後数十年のわが国の水産政策の基本的な方向性を示す重要な計画である．よって日本水産学会水産政策委員会では，2022年9月5〜7日に開催された令和4年度秋季大会において，この新水産基本計画に着目した水産政策シンポジウムを開催した．このシンポジウムでは，水産に関するすべての学問分野をカバーする日本水産学会の特徴を踏まえ，新水産基本計画の全体像を意識した俯瞰的議論を行うとともに，水産の現場と研究の乖離を埋め，実効的な水産政策を実施するための水産科学の役割や，現場と協働した水産科学の可能性という観点からの発表と議論を行った．本書はその成果をベースに取りまとめられたものである．

　本書では，水産政策に関する様々な視点・論点について，シンポジウムで展開された知見と研究成果を整理するとともに，特に現場と政策の乖離を埋めるために必要な研究展開の方向を示し，最終的に次世代の水産科学への期待と可能性を提案することを試みた．以下，本書の構成と，各章のポイントを紹介する．水産基本計画の構成に準じ，本書は「第1部　環境変化と水産資源管理」「第2部　水産業の成長産業化」「第3部　地域を支える漁村の活性化」という3つの柱に関する議論のあと，全体の総括として「第4部　総合討論」により構成されている．

　「第1部　環境変化と水産資源管理」第1章においては，水産資源の評価・管理の最新理論と課題を整理した（海洋大・北門利英）．そこでは近年の資源評価・管理における理論的進展をレビューするとともに，その水産政策への貢献の仕方についてまとめている．特に①水産資源評価の方法と利用できる計算プラットフォーム，②資源評価に用いるインプットデータの向上，③資源評価結果のシステマティックな診断手順と将来予測能力の評価，そして④資源評価から管理へ橋渡しする枠組みである資源管理方策評価法（Management Strategy Evaluation：MSE）に着目した議論を展開し，今後の課題を整理している．

続く第2章では，内湾漁業の低迷，資源生物分布の北上，全体的な漁獲量減少と漁業者数の減少などの課題に直面している沿岸資源の評価と管理を議論した（東北大・片山知史）．沿岸漁業の現状と資源政策の歴史的経緯を整理した後，持続的な沿岸資源の利用と管理のため，広く長く漁業・水揚データを整え，資源水準，動向を把握すること，変動パターンを把握することの重要性や，現場と政策の乖離を埋めるために必要な資源評価調査について論じている．また，新しい資源管理システムの下での都道府県や漁協職員の負担，さらに科学の使われ方に対しても警鐘を鳴らしている．

現場漁業者の声を踏まえて，沿岸漁業における「新たな資源管理」と「海洋環境変化」を論じたのが第3章である（全漁連・三浦秀樹）．定置網，サケ類，サンマ，スルメイカなど，沿岸主要魚種が2010年頃を境に一様に急減していること，現場青年漁業者へのアンケートでは96%以上の回答が海洋環境の変化を指摘していることなどを紹介したうえで，これまで積み重ねられてきた現場主導の自主的資源管理や漁場環境保全の取り組みの重要性を再確認するとともに，種苗放流や栄養塩管理，省エネ推進などのCO_2削減，ブルーカーボンの取り組みなど，環境と資源の両面の回復を通じて「豊かな海づくり」の輪を広げていくことの重要性が指摘されている．

第4章は，海洋環境の変化に焦点を当てる．日本周辺の表面海水温は，世界平均の2倍以上の速度で上昇していることがわかっており，気候変動と不漁問題は新水産基本計画においても喫緊の課題として取り上げられている．本章では，サンマを例に，不漁のメカニズムに関する仮説，そこへの対応策，そして現場との乖離を埋めるために必要な調査・研究のあり方を議論している（水産機構・中田　薫）．現場での適応のためには，まず気候変動の影響解明と資源調査・評価の充実と高度化が必要であり，そのうえで，「過去は繰り返さないかもしれない」という前提に立った，新たな操業形態への転換の必要性も指摘する．

「第2部　水産業の成長産業化」は，水産政策の産業政策としての側面に関する多様な考察を収録した．まず第5章（函館水試・板谷和彦）は，北海道日本海海域の漁業の概況を解説した後，特にスケトウダラ，マダラ，ホッケ，ソウハチ，マガレイに着目してその漁獲量や単価の推移を整理した．そのうえ

で，先述の変化の背景には過疎化や人手不足といった社会経済的要因も大きく影響していること，今後漁船漁業を活用し漁村地域を存続させるためには，単一魚種の数量だけでなく，複数魚種を組み合わせた収益を考慮した研究が必要であることを強調している．

　この指摘を受け，第6章では地域漁業の成長産業化の方向性と課題を議論する（海洋大・工藤貴史）．そこでは，経営体数の減少に応じて漁場・資源，漁業種類，労働力，資本，経営形態の組み合わせを最適化して「持続可能な漁業経営」を創出し，それによって地域全体の漁業生産を維持する「地域漁業のマネジメント」という視点を提示している．漁場利用調整や複合経営，協業化／分業化など，その実現のための具体的な取り組み事例を示したうえで，活動の中核となる漁協機能の向上や浜プランなどの共同管理の高度化，それを支える“総合性”を強みとする“実学”としての水産科学の必要性を指摘している．

　水産業の成長産業化に向け，特に大きな期待が寄せられている部門が養殖業である．第7章では，日本を代表する養殖事業者の視点から，技術開発の取り組み，沖合養殖／陸上循環養殖などの現状と実態など，養殖産業が抱える課題を，チリ・ノルウェーなど海外諸国との比較も行いながら紹介した（日本水産・金柱 守）．大規模養殖業を成長させていくうえでAI/IoTは不可欠な技術であり，給餌制御や体長測定・尾数計測技術，さらにこれらを組み合わせた生産管理システムが紹介されている．そして，生産規模と効率，養殖漁場の権利・許可，輸出における抗菌剤（抗生物質など）の規制など，わが国の養殖業の成長産業化に向けて障害となりうる様々な課題を現場目線で指摘している．

　成長産業化に向けた様々な取り組みのうち，輸出振興の文脈で注目されている施策の一つが，第8章で扱う水産エコラベルである（海洋大・大石太郎）．これは持続可能な漁業・養殖業を認証し，そこから得られた水産物（または加工を経た水産商品）に“ロゴ”を表示することで，消費者が水産物の持続可能性を評価できるようにする制度のことである．第8章では，エコラベルの機能を経済学的な視点で解説した後，特に消費者へのシグナルとしての“ロゴ”が果たしうる役割に着目し，そこに認証の地理的限定性を産地情報として組み込むことで期待される効果や，色や形（動態性，自然感，黄金比）によってもたらされうる視覚的効果について考察を行った．

漁業法改正により漁獲成績報告が義務化され，また水産流通適正化法の執行
においても重要な役割を果たすのがDX（デジタルトランスフォーメーション）
である．第2部の最後となる第9章では，現業漁業者の視点から，DX実装に
向けた現状と課題を提示する（前宗像漁協組合長・桑村勝士）．零細で多様な
漁具・漁法・対象魚種を有する沿岸漁業における漁労作業や出荷作業を前提に，
データ取得，データベース構築，データ管理，データ利活用など，まさに現場
で実際に操業する漁業者ならではの具体的アイディアが示されている．

　第3部は「地域を支える漁村の活性化」に関する論考である．第10章では，
現場関係者が地域の漁業活動を自己評価し，主体的な対話と相互学習を通じて，
所得向上に向けた改善策を検討するための仕組み「浜の道具箱」を解説してい
る（水産機構・竹村紫苑）．具体事例として，東海3県のふぐはえ縄漁業と山
口県下関外海地区の漁業管理改善に適用した結果を紹介したあと，現場と政策
の乖離を埋めるうえで「浜の道具箱」が果たしうる3つの効果を議論している．

　続く第11章は，東日本大震災と原発事故で甚大な被害を受けた福島県の沿
岸漁業である（福島県水産事務所・鷹﨑和義）．2023年に水産庁が発表した
「災害に強い地域づくりガイドライン」における「事前復興」の考え方や，日
本水産学会内における議論について，福島における経験をもとに整理する．さ
らに，現場の求める事前復興と，そこで行われるべき研究の方向性について，
現場と専門家の関係性や，政策提言の必要性などを議論している．

　第12章では，地域における水産物流通に着目する（摂南大・副島久実）．
国際的な競争力強化や生産・流通構造再編の議論が先行するなかで，ともする
と見落とされがちな，小規模漁業による多種多様かつ少量の水産物の意義や，
産地市場の「地域における機能」，高齢者の買い物難民問題など，地域におけ
る生きがいや暮らしやすさを高めるためのオルタナティブな視点に基づく議論
を，女性起業グループなどの具体事例にもとづいて提供する．本章で紹介され
ている活動は，水産業におけるジェンダーや多様性・包摂性（D＆I）という
視点からも注目されるべき好事例であろう．

　第3部最後の2章は，わが国のカーボンニュートラル化の実現に向け，新
水産基本計画において注目されている新たな地域経済活動に着目する．まず第
13章は，2021年に策定された農林水産省「みどりの食料システム戦略」でも

取り上げられた，ブルーカーボンを活用した水産業からの気候変動対策とその社会実装である（水産機構・堀 正和）．その生態学的基礎や，気候変動枠組み条約（UNFCCC）の温室効果ガスインベントリに登録するために開発されたCO_2吸収量算定手法を紹介する．さらに，民間企業と漁業者の連携による新産業の振興可能性や，社会実装の具体事例として2020年から始まったカーボン・オフセット制度を紹介している．

　第14章は，洋上風力と漁業の共存についてである（海産研・塩原 泰）．カーボンニュートラル社会に向け，漁業への影響が大きい洋上風力発電についても，制度整備と野心的数値目標が掲げられている．特にわが国は，水深50 m以上の海域に設置でき，かつ，津波や台風などのリスクにも対応しうる「浮体式」の技術で世界でも先進的な取り組みを進めている．地球温暖化緩和とエネルギーの自給，そして水産業の持続的発展を同時に達成するため，透明なプロセスによる合意形成を通じて漁業者・地域社会と発電事業者がメリットを共有する「漁業協調型洋上風力発電」というコンセプトを提示するとともに，具体的な協調のメニューや，沖合漁業との共存など今後の課題も整理した．

　以上の幅広い考察を受け，「第4部　総合討論」では，シンポジウムの総括として行った総合討論の内容を報告する（農水省・森下丈二）．ここまで各章で展開されてきた，現場との乖離を埋めるために必要な科学に関する議論に基づき，その対象となる分野や課題を横軸に，政策実施における諸ステップを縦軸とした「水産科学のマトリクス」を提示する．そしてこのマトリクスを参照しつつ，「乖離」の具体的な内容や，議論のポイント，水産科学の課題の同定を試みている．最後に，様々な価値観が存在し多様な知が歴史的に蓄積されてきた現場とのコミュニケーションを前提としつつ，セクター別・専門分野別の対応を越えた発想とアプローチを打ち出すべきこと，それが学際的科学・総合的科学という特徴を有する水産科学の社会的使命であることを確認し，本書の結論としている．

　水産科学は水圏の物理・化学や生物，生態学などの基礎科学的側面とともに，日本の食料安全保障と海洋生態系保全に関する実学的・応用科学の側面をも有している．本書は，そのような水産科学の学際性・多様性，そして実業界との

緊密な関係を反映し，資源学，生態学，海洋学，経済学，政策学など，幅広い研究分野の専門家のみならず，漁業者や国・自治体，実業界，業界団体（漁業のみならず洋上風力発電業界も）を執筆陣に迎えることができた．水産基本計画という具体的な政策文書の枠組みに基づいて，これだけ多様な専門分野と関係者の知見を統合できたことは，日本水産学会の学問的射程の広さと社会連携の深さの証左である．水産政策委員会として，改めて著者の皆様に深く感謝したい．本書を通じて，この水産科学の魅力がより多くの水産分野研究者，特に若い研究者に広く認識され，ひいては第15章で議論した水産科学の新たな展開に受け継がれることを祈念している．

牧野光琢・石川智士

目　次

まえがき .... 牧野光琢・石川智士　iii

第 1 部　環境変化と水産資源管理

第 1 章　水産資源の評価・管理の最新理論と政策

北門 利英　1

§1．はじめに 1
§2．水産資源評価の方法と利用できる計算プラットフォーム 2
§3．資源評価に用いるインプットデータの向上 6
§4．資源評価方法の向上 8
§5．資源管理方策評価法 9
§6．最後に 12

第 2 章　沿岸資源の評価と管理

片山 知史　14

§1．はじめに 14
§2．沿岸漁業の現状 15
§3．沿岸資源政策の歴史 18
§4．資源評価，資源管理における施策と現場の乖離 20
§5．資源評価の目的を再確認 22
§6．今後の懸念 24
§7．おわりに 25

第 3 章　沿岸漁業における「新たな資源管理」と「海洋環境変化」

三浦 秀樹　27

§1．日本の漁獲量の推移とこれまでの減少要因 27
§2．海洋環境の変化による直近 10 年間の漁獲量急減 29
§3．資源や漁法に見合った管理手法 31
§4．主要魚種の漁獲量の急減 32
§5．海洋環境の変化に対する青年漁業者の声 34
§6．今後の取り組みに向けて 36

第4章　気候変動と不漁問題

中田 薫　38

§1．はじめに ………………………………………………………………… 38
§2．「不漁」に共通する要因，日本周辺で起こっている温暖化影響
　　と海洋環境の変化 ……………………………………………………… 39
§3．不漁のメカニズムの仮説－サンマの例 ………………………………… 41
§4．不漁への対応として研究分野に求められること ……………………… 45

第2部　水産業の成長産業化

第5章　沿岸漁業の持続性と漁村地域の存続

板谷 和彦　50

§1．はじめに ………………………………………………………………… 50
§2．北海道日本海の漁業の状況 …………………………………………… 51
§3．今後必要となる研究とは
　　－漁村地域の存続，収益も考慮した資源管理と漁業研究 …………… 59

第6章　地域漁業の成長産業化の方向性と課題

工藤 貴史　61

§1．地域漁業の成長産業化の方向性 ……………………………………… 61
§2．地域漁業のマネジメント ……………………………………………… 65
§3．現場の課題と研究の課題 ……………………………………………… 69
§4．おわりに ………………………………………………………………… 71

第7章　日本の養殖業における現状と成長産業化の課題

金柱 守　73

§1．ニッスイの養殖事業 …………………………………………………… 73
§2．大規模養殖に関連する技術開発と取り組み ………………………… 75
§3．日本の養殖成長産業化の課題 ………………………………………… 78
§4．まとめ …………………………………………………………………… 82

第8章 エコラベルと水産物輸出の促進
——ロゴの効果的なデザインに関する一考察——

大石 太郎　84

§1. はじめに ……………………………………………………………… 84
§2. エコラベル・アプローチとロゴ ……………………………………… 85
§3. エコラベルと産地情報 ………………………………………………… 87
§4. エコラベルの視覚効果 ………………………………………………… 90
§5. まとめ …………………………………………………………………… 93

第9章 沿岸漁業における DX 実装に向けた課題

桑村 勝士　96

§1. はじめに ……………………………………………………………… 96
§2. データの性質区分と取得および利活用の現状 ……………………… 98
§3. データ取得段階における課題 ……………………………………… 100
§4. データベース設計段階における課題 ……………………………… 105
§5. データ管理段階における課題 ……………………………………… 109
§6. データ利活用段階における課題 …………………………………… 113
§7. おわりに－水産業における DX の視点と目標 …………………… 113

第3部　地域を支える漁村の活性化

第10章 漁業関係者による浜プランの改善の仕組み「浜の道具箱」

竹村 紫苑　115

§1. はじめに ……………………………………………………………… 115
§2. 浜の道具箱 …………………………………………………………… 118
§3. 道具箱の活用事例 …………………………………………………… 121
§4. 今後の課題と展望 …………………………………………………… 125

第11章　現場の求める事前復興
――福島県における震災・原発事故への対応を基に――

鷹﨑 和義　131

§1．ガイドラインにおける事前復興の記載内容など ──────── 131
§2．震災後の福島県沿岸漁業の変遷 ──────────────── 133
§3．事前復興検討の参考となる福島県の事例 ────────── 136
§4．まとめ－現場の求める事前復興とは────────────── 142

第12章　水産物地域流通の再評価と再構築の検討

副島 久実　145

§1．問題意識 ────────────────────────── 145
§2．産地市場の2つの機能────────────────────── 147
§3．漁村女性起業グループ（株）三見シーマザーズの事例 ──── 149
§4．漁村女性起業グループ・シーフレンズふたみの事例 ───── 151
§5．漁協による移動販売の事例 ──────────────── 152
§6．現場と政策の乖離を埋めるために必要な研究 ──────── 154

第13章　ブルーカーボンを活用した水産業からの気候変動対策と
社会実装

堀 正和　156

§1．はじめに ─────────────────────────── 156
§2．藻場による CO_2 吸収 ─────────────────── 160
§3．ブルーカーボンの社会実装 ──────────────── 163
§4．おわりに ─────────────────────────── 164

第14章　洋上風力と漁業の共存の道をさぐる

塩原 泰　166

§1．洋上風力導入をめぐる状況 ──────────────── 166
§2．漁業協調型洋上風力とは ────────────────── 170
§3．今後の課題 ──────────────────────── 174

第4部 総合討論

第15章 水産科学：現場と政策の乖離を埋めるために必要な研究とは

森下 丈二　177

§1．シンポジウムの背景と構成 ……………………………………………… 177

§2．総合討論の狙い ……………………………………………………………… 178

§3．水産科学のマトリクス …………………………………………………… 179

§4．マトリクスを読み解く …………………………………………………… 181

§5．マトリクスから現場と政策の乖離を考える ……………………… 184

§6．まとめとして ………………………………………………………………… 186

Fisheries Science and Fisheries Policy:
Research to Bridge the Gap between the Field and Policy

Edited by Mitsutaku Makino and Satoshi Ishikawa

Introduction   Mitsutaku Makino and Satoshi Ishikawa

I.   Environmental change and fisheries resource management
  1.   Current theories and policies in fisheries resource assessment and management
                                                            Toshihide Kitakado
  2.   Evaluation and management of coastal resources
                                                            Satoshi Katayama
  3.   "New resource management" and "marine environmental change" in coastal fisheries
                                                            Hideki Miura
  4.   Climate change and the poor catch
                                                            Kaoru Nakata

II.   Making the fishery industry a growth industry
  5.   Ensuring sustainability of coastal fisheries and survival of fishing communities
                                                            Kazuhiko Itaya
  6.   Directions and challenges for growth industrialization
                                                            Takafumi Kudo
  7.   Current status of aquaculture in Japan and challenges in creating a growth industry
                                                            Mamoru Kanabashira
  8.   Ecolabeling and the promotion of seafood exports: A study in effective logo design
                                                            Taro Oishi
  9.   Challenges for DX implementation in coastal fisheries
                                                            Katsushi Kuwamura

III. Revitalization of fishing communities that support the region
   10. Coastal fisheries Toolbox, an autonomous mechanism for revising the coastal fisheries improvement plan by fishers

Shion Takemura

   11. Pre-disaster reconstruction required by the field: Based on the response to the earthquake and nuclear power plant accident in Fukushima Prefecture

Kazuyoshi Takasaki

   12. Reevaluation and restructuring of local distribution of fisheries products

Kumi Soejima

   13. Climate change countermeasures from fisheries industry using blue carbon and its social implementation

Masakazu Hori

   14. Exploring ways for offshore wind power and fisheries to coexist

Yasushi Shiobara

IV. General discussion
   15 Fisheries science: Research to fill the gap between the field and pJolicy

Joji Morishita

第 1 部　環境変化と水産資源管理

第 1 章　水産資源の評価・管理の最新理論と政策

北門 利英*

　水産資源の評価・管理の最新理論と政策について，最近の話題などをいくつか概観する．とくに，現行の資源評価で用いられている代表的な水産資源評価モデルや計算プラットフォームを紹介するとともに，近年の資源評価に用いられるインプットデータの向上や，資源評価結果の診断手順，そして資源管理方策評価法（Management Strategy Evaluation：MSE）などについても解説する．

§1. はじめに

　水産改革の旗印のもと，新漁業法の下で，2020 年に新たな資源管理がわが国で始まった．資源管理の礎となる資源評価の究極の目的は，過去から現在までの資源動態を正確に理解し，将来の資源の状況を予測することである．そのために，数理モデリングに基づく演繹的推論と，観察を通じた帰納的推論を融合させた統計的モデリングが行われる．資源評価のモデルは多様であり，利用可能なデータの質と量，対象生物の特徴に応じてモデルの複雑さも調整される必要がある．現在，日本の主要な TAC（Total Allowable Catch）対象種は年齢構造を考慮した VPA（Virtual Population Analysis）に基づいて資源評価が行われている．特にデータの質と量がおおむね満たされている状況では，年齢構造モデルを用いることが適切であり，国内では VPA 適用ガイドラインが整備され国内資源評価法として確立されている．

---

* 東京海洋大学学術研究院海洋生物資源学部門

近年では，漁獲量データ，年齢や体長などの組成データ，CPUE（Catch per Unit Effort）などの資源量指数を組み合わせた，いわゆる統合解析も主流となっている．さらに，潜在変数や階層構造を取り入れた複雑なモデルも計算可能なパッケージが開発され，計算環境の改善により，モデリングの柔軟性が飛躍的に向上している．その他，資源評価結果の診断方法や，資源評価から管理への橋渡しの一つの枠組みである資源管理方策評価法[1]も国内外で発展してきている．

そこで本章では，一般的な視点で最新の水産資源の評価・管理法について簡単にレビューするとともに，水産政策への貢献の仕方についてまとめる．特に資源評価と資源管理に関する最新の理論として，①水産資源評価の方法と利用できる計算プラットフォーム，②資源評価に用いるインプットデータの向上，③資源評価結果のシステマティックな診断手順と将来予測能力の評価，そして④MSE について私見も交えて整理する．また，政策に関連した注意喚起も併せて述べる．

§2. 水産資源評価の方法と利用できる計算プラットフォーム ————

水産資源の個体数やバイオマスの動態を表現する数理モデルには様々なタイプがあり，年齢や性を考慮した年変化モデルが多くの場合に基礎となる．また必要に応じて，対象生物の生態や漁業のインパクトを考慮したうえで，時間のユニットを年から季節や月などに細かく刻む，年齢ではなく生活史段階でまとめる，回遊や加入海域の年変化を考慮するために空間構造を含める，などモデルを簡易化したり拡張したりする．加えて，遺伝的集団構造を考慮した複数系群モデルや，水産生物種間の生態学的な相互関係や環境変化のインパクトを明示的に表現する生態系モデルも，従来から，そして気候変動下におけるこれからの大きな研究課題であるが，ここでは代表的な 2 つのモデルについて簡単に述べる．

1. 余剰生産モデル

伝統的な余剰生産モデルでは，年齢や性などを区別することなく個体群の資源量（個体数やバイオマス）の合計の変化を以下の式を用いて表現する．

$$B_t = B_{t-1} + rB_{t-1}\left\{1 - \left(\frac{B_{t-1}}{K}\right)^z\right\} - C_{t-1}$$

ここでは離散的モデルの1つのバージョンだけを示しているが, B_t および C_t は0歳も含めた雌雄合計の資源量および人為的死亡量をそれぞれ表す. 水産資源解析では有名なこのモデルはペラ・トムリンソン型モデルと呼ばれ, r は内的自然増加率, K は個体群全体としての環境収容力, そして z は形状パラメータである. 上記のようなバイオマスの漸化式で定義される資源量変化に, CPUE のような資源量指数 I_t を適合させてパラメータの推定を行う.

$$\log I_t \sim N(\log[qB_t], cv_t^2 + \sigma^2)$$

その際, 資源変動に超過的な確率的誤差（過程誤差）を取り入れた状態空間モデルを利用することもできる.

$$B_t = \left[B_{t-1} + rB_{t-1}\left\{1 - \left(\frac{B_{t-1}}{K}\right)^z\right\} - C_{t-1}\right]e^{u_t}, u_t \sim N(0, \tau^2)$$

ただし, この対数正規分布の仮定では, 左辺の期待値 $E[B_t]$ が上式の右辺括弧内値よりも常に大きくなるため, $u_t \sim N(-0.5\tau^2, \tau^2)$ として調整することもある. なお, 過程誤差モデルよりも踏み込んだモデルとしては, K や r のパラメータにランダムな変動（例えば, パラメータが年をまたいで変化するが前年の値を基準にランダムな変化を許すランダムウォークなど）を構造として入れることや, あるいは環境などの共変量を積極的に取り入れて環境変化のインパクトをモデルの中で説明することも考えられる. なお, 観測誤差と過程誤差の分離が難しく最尤法では収束が困難な場合もしばしばみられるが, マルコフ連鎖モンテカルロ法（Markov chain Monte Carlo：MCMC）を実装したベイズ法を用いてその困難を回避できる場合もある. いずれにしても, 現在では設定に応じて自身で簡単にプログラミングが可能である.

また, このような余剰生産モデルの基本形では, 漁業や混獲などの人為的死亡に対する選択性を考慮できず, 仮に強い年齢・サイズ選択性が強く効いている資源量指数を用いて解析を行えば, パラメータ推定に偏りをもたらす. また,

空間的な密度の不均一性が明らかな種に対して，それを無視して推定を行う場合にも同様の問題が生じる．このような問題を回避するために様々な余剰生産モデルの拡張が行われており，例えばベイズ法を基にした JABBA（Just Another Bayesian Biomass Assessment）[2] の拡張版の JABBA-SELECT[3] や，SSPM（Spatially-explicit Surplus Production Model）[4] など，方法論とパッケージの拡張もなされている．余剰生産モデルに限っても，もちろん限界はあるものの，データと構造の簡易さというコンセプトを変えない範囲で，現実的な対処が可能となるような方法論の展開がなされている．余剰生産モデルを用いた資源動態推定に関するレビューは Kokkalis *et al.*（2024）を参照のこと [5]．

2. 年齢構造モデル

　一般に，水産資源の個体数やバイオマスの動態を表現する数理モデルとして，年齢を考慮した年変化モデルがやはり基礎となる．必要に応じて対象生物の生態や漁業の影響を考慮するために，性別にしたり，時間の単位を年から季節や月などに細分化したりすることもできる．

$$N_{t,a} = \begin{cases} 0.5f(SSB_t) & (a=0) \\ N_{t-1,a-1} - Z_{t-1,a-1} & (a=1,2,\cdots,A-1) \\ (N_{t-1,A-1} - Z_{t-1,A-1}) + (N_{t-1,A} - Z_{t-1,A}) & (a=A) \end{cases}$$

　ただし，$SSB_t = \sum_{a=A_1}^{A} w_a \beta_a N_{t,a}$ は t 年の親魚量バイオマス，$Z_{t,a}$ は t 年における年齢の a 個体に対する全死亡係数で，$Z_{t,a} = F_{t,a} + M_a$ のように漁獲死亡係数と自然死亡係数に分離する．ただし，w_a と β_a はそれぞれ a 歳雌の平均体重と成熟率で，A_1 は成熟開始年齢である．また再生産関数 f が資源動態や資源管理指標に大きな影響を与えるため，Beverton-Holt，Ricker，Hockey-stick など複数のモデルを用いて比較検討がなされる．このようなモデルには，詳細なメカニズムを記述するための仮定や生物学的パラメータも多々必要となる．さらには，パラメータ推定やモデル選択という客観的プロセスを下支えするデータの質と量も当然求められる．

　その年齢構造モデルの推定であるが，ここでは代表的な手法である統合モデルについて説明する．統合モデルとは，資源量指数データの他，年齢・体長組

第 1 章　水産資源の評価・管理の最新理論と政策　5

成データや標識データなど，資源評価に利用できるデータを同時に利用し，ま
たそれに付随して成長・生残・再生産や，資源選択性，移動・回遊などの資源
動態に関わる構造を同時に考慮したモデルである．モデル内のパラメータの推
定も，複数のデータ種の対数尤度関数を足し合わせることで総合的な評価を行
う．観測データに基づく尤度の他，再生産構造に確率的変動を考慮する場合や，
選択性などのパラメータに時間的変動を許す場合には，その確率分布を基にし
たペナルティー項を加える（ペナルティー項における潜在変数の扱いは用いる
パッケージによって異なる）．

　統合モデルによる資源動態の計算を自前のプログラムで行うことは，数理と
統計学に詳しい研究者には決して難題とはならない．とはいえ便利なパッケー
ジがあり機能も豊富であれば，それを使わない手はない．統合モデルを実践す
るパッケージは多種多様に存在するが[6]，汎用性が高く定評のあるパッケージ
を以下にいくつか挙げる．

　米国西海岸の種やマグロ類でよく利用される Stock Synthesis 3（SS3）[7] は，
最も多機能なパッケージで，複数の漁業の資源量指数（選択性を考慮した
exploitable biomass の指標として）や体長組成（または年齢組成，あるいは併
用も可），標識データ，環境変数など様々なデータや情報を組み込むことがで
き，また年齢別の自然死亡係数や，各種パラメータの時間的変化（ランダム，
あるいは期間で一定など）を考慮することができる．また，年齢組成が利用で
きず体長組成を用いる場合には，成長式を仮定してモデルで内部的に体長組成
情報から年齢に変換するか，個体ごとの体長−体重関係を用いてモデル内で資
源動態と成長式を同時に推定する．なお，SS3 では多くのパラメータを推定す
る必要があり，計算の負担も大きいため，高速な最適化のための ADMB（AD
Model Builder）というソフトを用いた自動微分を行う．ただし，少し統計的
な話になるが，先述したペナルティー項を積分して周辺化する機能はないため，
再生産の確率的変動や時間変化パラメータの分散を正確に推定することはでき
ず，また AIC（Akaike Information Criterion）などによるモデル間の比較が難
しい．なお，SS3 は他のソフトに依存せずに実行ファイル（ss.exe）のみで利
用可能であるが，r4ss，ss3diags という R のパッケージが秀逸で，SS 実行後
の解析結果を容易に視覚的に確認できる他，後述の資源評価モデルの診断ツー

ルも併せて利用可能である.

SS3 と類似したパッケージとして,米国東海岸の種で主に利用されている WHAM（The Woods Hole Assessment Model）[8] というパッケージも柔軟性が高く定評がある.このパッケージでは ADMB よりも計算時間が速く,かつ潜在変数の統計的な周辺化が可能な Template Model Builder（TMB）[9] を用いており,モデルの柔軟性は SS3 にはやや劣るが,非常に優れたパッケージといえる.

WHAM と並び,TMB を用いたパッケージ（あるいはモデル自身の名称）に SAM（state-space stock assessment model）[10, 11] と呼ばれる手法がある.この方法では,$F_{t,a} = F_t S_a$ のような separability を仮定せず,漁獲死亡係数ベクトル $F_{t,a} = (F_{t,0}, F_{t,1,...}, F_{t,A})$ の時間的変化をランダムウォーク（厳密には対数値がランダムウォーク）で取り入れる.このようにやや構造に縛りを入れつつも,漁獲係数の変化を柔軟に表現し,かつ TMB で周辺尤度が構築できるメリットを生かして,最尤法の枠組みで統計的推測がフルに可能となるメリットが SAM にはある.

これらの詳細な年齢構造モデルは,資源状態の変化のメカニズムを深く理解する手段となり,将来の資源変動を予測し適切な管理方法を検討するための基盤となる.一方で,伝統的なモデルである余剰生産モデルは,年齢や性の構造を考えないため,加入様式などの資源変動の詳細には踏み込めないものの,比較的シンプルな仮定に基づいているため,必要とされるデータも少ない.そのため,単にロバストな資源評価法の一手法としてだけでなく,後述のように資源管理方式内の資源評価法としても利用されている.

§3. 資源評価に用いるインプットデータの向上

資源評価モデルの進歩に加えて,資源評価に用いるデータの進歩も大きい.先に述べたモデルの推定の際に重要な役割を果たす CPUE であるが,実際には漁具の違いによる漁具能率の相違を補正し,また資源豊度の空間分布の考慮やそれを環境変数で説明したうえで,利用できる資源量指数として取り出す作業が必要となる.このような手続きを CPUE 標準化と呼ぶ.実は,CPUE 標準化は単なる資源評価の準備だけなく,研究者自身が資源や漁業を深く理解す

第 1 章　水産資源の評価・管理の最新理論と政策　7

るきっかけにもなる.

　CPUE 標準化のために，一般化線形モデル（GLM）や一般化加法モデル（GAM）のような標準的な回帰分析手法の他，より柔軟に非線形性や交互作用を取り入れるために機械学習法が利用されることもある．また最近では，水産資源の空間分布や努力量分布の時間的変化を考慮するために，VAST（Vector-Autoregressive Spatio-Temporal model）[12] や sdmTMB（sdm は species distribution model の略）[13] と呼ばれる時空間モデリング用の解析パッケージも開発され，CPUE の標準化の精度の向上と，資源の分布の年変化や，その変化を環境変化と絡めて解釈可能になってきている.

　簡単にそのアイディアを述べると，例えば資源密度の空間的な違い（種分布）を考える際，環境の違いである程度説明できるかもしれないが，資源密度の違いを完全に説明できる環境変数を見つけることは現実的には不可能で，未知の構造が残る．そこで，環境変数では説明しきれない資源密度の空間的効果を考えるが，その空間的効果も必ずしも時間的に一定とは限らず，空間パネルが変化することになる．これらを時間ごとに個別の固定効果として推定することはできないため，時間と空間の交互作用をランダム効果（独立または自己相関）として扱う．さらに，空間的効果にランダムフィールドを取り入れ，モデルをより柔軟にするだけでなく，確率偏微分方程式の性質と INLA（Integrated Nested Laplace Approximation）というソフトを用いて回帰モデルのデザイン行列のセットアップを効率的に行い，また高速計算を実現させたのが上記のVAST および sdmTMB である．両者のコンセプトは非常に似ているが，細かな点やユーザーインターフェイスに違いもあり，ともに代表的な手法として利用されてきている．VAST については日本語の総説もある[14]．なお，これらの方法は漁業に依存した CPUE のような指標だけでなく，調査のデータにも適用可能で，空間分布と環境との関係，そしてそれを利用して将来の分布予測や，未調査域への補間や外挿が可能にもなってきている．これらのパッケージに限らず，今後もますます時空間モデルの適用範囲が広がり必要性も高まると考え本章で触れた.

§4. 資源評価方法の向上

　次に，資源評価モデルを作成した後の手続きについて述べる．資源評価には，データだけでは推定できないパラメータも存在し，それらに複数の選択肢を設けると，モデルの候補が自然に多数になり，場合によっては何十，何百にも及ぶ．そのため，いくつかの基準に基づくモデルの相対評価も重要であるが，モデルの絶対評価，すなわち診断も重要となる．その方法として，従来は収束の様子，誤差の程度，残差プロット，そしてレトロスペクティブ解析（最近年のデータを加えるごとに過去の挙動が敏感に変化しないかを，1年ずつデータを削って回顧的に検証する方法）といった方法が利用されてきた．これらは国内外の資源評価のルーチンワークとなっている．

　これ以外にも，統合モデルでは複数のデータソースを用いて総合的にパラメータを推定するが，それぞれのデータソースが資源量レベルの推定において一貫した情報をもっているのか，あるいは相反する情報をもっているのかを評価するための尤度プロファイル法，推定の難しい選択性パラメータの推定の影響を測る ASPM（Age-Structured Production Model）解析など，様々な診断方法が整備されている．

　これらの資源評価モデルの診断方法については，『資源評価結果の診断のCookbook』[15] という論文が出版され，それに関連した統計ソフト R のパッケージ（先述の ss3diag）も整備されており，今後スタンダードになっていくことが予想される．特に注目されている観点はモデルの一致性や予測能力であり，資源評価後の単純な将来予測，例えば漁獲量を増やすべきか減らすべきかの計算は，モデルの予測能力に依存している．より良い管理には，より良い予測能力をもったモデルが必要である．

　モデルの将来予測能力を過去に遡って評価する方法として，レトロスペクティブな交差検証法（レトロスペクティブクロスバリデーション）も利用されている [16]．例えば，レトロスペクティブ解析のように意図的に近年のデータを取り除いて資源評価を行い，除いた期間のデータを基に回顧的に予測を行う．この予測が実際のデータに沿っている場合，そのモデルの予測能力は高いと考えられ，逆に予測能力が乏しい場合には，そのモデルに基づく資源管理は難しいという結論になる．例えば，筆者が以前行ったサンマの例では，データを2

年取り除くとモデルによる予測ではその 2 年間の漁獲量が過剰で資源が崩壊する予測となったが，実際のデータはそのようになっていない．また，5 年間のデータを除くと資源動態モデルは中位で安定しているが，実際には資源は現在減少傾向にある．したがって，利用しているモデルは過去を説明できても，将来予測の性能は必ずしも高くないモデルとみなされる．

通常の AIC のようなモデル選択では，比較するモデルが同じデータを使用しなければならないが，このような予測能力の視点からのモデルの検証方法は，年齢組成モデルとプロダクションモデルなど，データが異なっていても予測能力の観点から比較が可能である．さらに最近では，過程誤差のトレンドと最大持続生産量（Maximum Sustainable Yield：MSY）との関係をモデルの診断に利用する手法[17]が提案されているほか，過程誤差を減らすために環境変数をモデルに組み込むことで予測能力を向上させる試みも行われており，スパースモデリングと個体群解析モデリングの融合という枠組みも今後検討を続ける必要がある．

§5. 資源管理方策評価法

現在，国内外で水産資源に対する管理方式を開発する最も有力な方法として考えられているのが，MSE として知られている確率的シミュレーションを利用した評価の枠組みである．これは，表 1-1 および図 1-1 に示したように，管理対象種に対して統計的モデリングを通して仮想的な資源動態・漁業・データ生成手続き（オペレーティングモデル，Operating Model，以下 OM）を構築し，あらかじめ規定した資源管理方式（主に総漁獲量や漁獲強度をコントロール）に基づき漁業を行い，事前に設定した管理目標に合致するかどうかの検討や，複数の候補管理方式から選択をするためのシミュレーション法である．このような手法のパイオニア的な取り組みは 1990 年代に国際捕鯨委員会（IWC）が行った改訂管理方式と呼ばれる方法の開発に端を発するが，マグロ類など地域漁業管理機関において，それぞれの種に応じた仮定と設定で MSE の下での資源管理方式が開発されてきている．

例えば，IWC が開発した改訂管理方式では，OM には年齢と性と系群を考慮した詳細なシナリオを作成するが，こと捕獲頭数を決める捕獲限度量アルゴ

表 1-1　MSE の構成要素に対する説明（北門[18] を改変）

項　目	説　明
1. 資源管理目標の設定と評価尺度のリストアップ	当該資源の現在の資源状態などをベースに,例えば資源回復目標など,時間軸や許される不確実性の程度と併せて,可能な限り具体的にかつ事前に目標を定義する. 　また,資源管理目標の達成度を具体的に測るための評価尺度をリストアップする. 例えば管理期間に資源を回復させることを最優先としつつ,漁獲量の尺度も併せてリストアップする.（資源の枯渇レベル,管理最終年枯渇レベル,管理期間中の最小枯渇レベル,B/Bmsy, F/Fmsy, 漁獲量,漁獲量の年変動など）
2. オペレーティングモデル（OM）の構築	真の資源の動態や,漁獲のインパクトなどを考慮したコンピュータ上における仮想現実モデルを構築する.年齢構造モデルを用いることが望ましいが,それを同定する情報が不足している場合には,余剰生産モデルで代用することもある.また必要に応じて,OMに環境の影響,系群構造,そして種間相互作用などを用いることもある. 　OMを構築する際,鍵となるパラメータに複数の値を仮定するなどOMの不確実性を考慮することも必要である.このようにして構築されるOMはシナリオとも呼ばれる.また,基礎となるシナリオの他に,突然の想定外の環境変化や疫病の発生などを考慮するロバストネスシナリオも用いられる.
3. 資源管理方式（Management Procedure：MP）の提案	資源管理方式は,取得するデータ,MP内の資源評価方法,TACの上限を定める漁獲制御ルールのパッケージである.資源評価によらず,CPUEの動向などを基に漁獲制御ルールを構築することもある.また社会経済的な側面を考慮し,TACの年変化に制限を含めることも可能.
4. シミュレーションテストの実施	各OMに対して,仮想的に管理方式を資源に適用していく.資源動態や漁獲量の確率性などを考慮するため,同じOMでも繰り返し計算を行う.このシミュレーションの結果をまとめ,候補となる管理方式の管理目標達成度を評価する.
5. 複数の資源管理方式のパフォーマンスを検討	資源動態とTACなどの計算結果の取りまとめ.資源管理方式のパフォーマンスの比較検討が容易になるよう,詳細な数値情報だけでなく,グラフィカルなアウトプットや簡易な表も併せて用意することが多い.これは科学者間の議論のためだけでなく,行政担当者や漁業従事者とも誤解なく協議するためである.
6. 定めた資源管理目標を達成する資源管理手法の選択	資源管理方式を適用した結果を基に定めた資源管理目標を達成する資源管理手法を選択するが,通常は保全指標と漁獲指標のパフォーマンスはトレードオフの関係となる.ここで 1 で定めた指標に対する優先順位が意味をなす.

リズム（Catch Limit Algorithm：CLA）には, 捕獲頭数の時系列と, 資源量推定値および推定誤差を用いて余剰生産モデルを用い, 資源状況に応じて捕獲の強度をコントロールする. また, インド洋マグロ類委員会（Indian Ocean Tuna Commission：IOTC）のメバチに対する資源管理方式でも, 資源評価は SS3 に

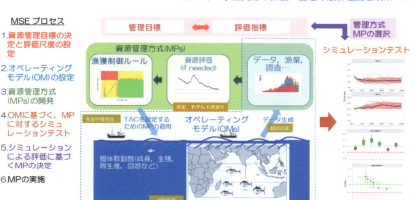

図 1-1　MSE の概念図

より実施されるが，その際考慮すべきパラメータや仮定の不確実性を OM の中では相当に取り入れるものの，管理方式内の資源評価には余剰生産モデルが用いられる．余剰生産モデルは，構造がシンプルであることにより，年齢構成モデルと比較して必要とされるデータ量や仮定の負担も軽くなり，また結果として資源評価結果に大きな偏りをもたらす可能性があり，端的にいえばモデルの不確実性に対してロバストともいえる．過剰漁獲などの資源管理のミスを避けたい状況では，そのような性質を最大限利用した資源管理方式が検討されてきた．

ところで，何故シミュレーションによる検討が必要か．それは，実際に起こりうる観測誤差，推定誤差，過程誤差，実施誤差や，モデルの不確実性，実施誤差やパラメータの不確実性などを包括的に考慮した解析的な資源管理方式の評価が難しいからである．そこでコンピュータの力を借りて，不確実性を考慮しつつ可能な限り現実的な設定の下で管理方式のテストを事前に行うことに加え，複数の管理方式の候補を用意し最適あるいは不確実性に対して頑健な方式を選ぶ，という枠組みが各資源の管理組織で用いられ始めている．

このように，資源管理方式の内部的な方法として役割を果たしている余剰生産モデルではあるが，環境変動などがランダムに生じる場合には大きな不確実性への対応として多少予防的に管理方式を修正することで対応できるであろう．

一方で，気候変動などの方向性をもった変化については，今後そのような仕組みを OM に取り入れて，その性能を検証する必要があるだろう．また，気候変動が及ぼす影響が明示的にわからないことが常であるが，仮にそのような場合でも余剰生産モデルを基にした管理方式を，加入モニタリングなどで修正する仕組みを取り入れれば，管理のパフォーマンスをある程度維持できる可能性がある．

§6. 最後に

本章では，水産資源の評価・管理の最新理論と政策と題して，資源評価や管理に関する話題をまとめた．その関連で国内の資源評価法を概観してみると，VPA を主体としている資源評価は，仕様がドキュメント化されており，国内外の有識者からの意見も受けて手法として確立している．また，統合モデルの試行や移行も検討されており，水産研究・教育機構においては数理的な裏付けに関する研究が大きく進展しており，水産改革を支える重要な基盤となっている．

今後の課題として，資源評価では，現行のレトロスペクティブ解析と併せて，資源管理と密接に関係するモデルの一貫性の評価や予測能力の評価も重要と考える．また，VPA で推定された親魚量と加入量の不確実性が再生産の推定において考慮されていない点も指摘しておきたい．さらに，MSY が再生産関係の仮定によって大きく異なる場合があり，推定誤差および再生産モデルの誤差の影響を考慮して MSY を算出する必要があると考える．これは，数年後に新たなデータを追加した際に MSY の推定値が安定していないと，MSY 関連指標の連続性が失われる可能性があるためである．また，MSY は漁業，環境，生態系の変化によって変動し得るため，MSY や目標自体が時間的にどのように変化しているかを把握することも忘れてはならない視点である．

文　献

1) Punt AE, Butterworth DS, de Moor CL, De Oliveira JAA, Haddon M. Management strategy evaluation: Best practices. *Fish and Fish*. 2016; 17: 303–334.

2) Winker H, Carvalho F, Kapur M. JABBA: Just another bayesian biomass assessment. *Fisheries Research* 2018; 204: 275–288.

3) Winker H, Carvalho F, Thorson JT, Kell LT,

Parker D, Kapur M, Sharma R, Booth AJ, Kerwatha SE. JABBA-Select: Incorporating life history and fisheries' selectivity into surplus production models. *Fisheries Research* 2020; 22: 105355.

4) Lucet V, Pedersen. SSPM: Spatial surplus production model framework for northern shrimp populations. R package version 1.0.0, https://pedersen-fisheries-lab.github.io/sspm/. 2022.

5) Kokkalis A, Berg CW, Kapur MS, Winker H, Jacobsen NS, Taylor MH, Ichinokawa M, Miyagawa M, Medeiros-Leal W, Nielsen JR, Mildenberger TK. Good practices for surplus production models. 2024.

6) Punt AE, Dunn A, Elvarsson BP, Hampton J, Hoyle S, Maunder MN, Methot RD, Nielsen A. Essential features of the next-generation integrated fisheries stock assessment package: A perspective. *Fish Res*. 2020; 229: 105617.

7) Methot RD, Wetzel CR. Stock Synthesis: A biological and statistical framework for fish stock assessment and fishery management. *Fisheries Research* 2013; 142: 86–99.

8) Stock BC, Miller TJ. The Woods Hole Assessment Model（WHAM）: A general state-space assessment framework that incorporates time- and age-varying processes via random effects and links to environmental covariates. *Fisheries Research* 240: 105967. doi: 10.1016/j.fishres. 2021; 105967.

9) Kristensen K, Nielsen A, Berg CW, Skaug H, Bell BM. TMB: Automatic differentiation and Laplace approximation. *Journal of Statistical Software* 2016; 70（5）: 1–21. doi: 10.18637/jss.v070.i05.

10) Nielsen A, Berg CW. Estimation of time-varying selectivity in stock assessments using state-space models. *Fisheries Research* 2014; 158: 96–101.

11) Berg CW, Nielsen A. Accounting for correlated observations in an age-based state-space stock assessment model. *ICES J. Mar. Sci*. 2016; 73（7）: 1788–1797.

12) Thorson J. Guidance for decisions using the Vector Autoregressive Spatio-Temporal （VAST）package in stock, ecosystem, habitat and climate assessments. *Fisheries Research* 2019; 210: 143–161.

13) Anderson SC, Ward EJ, English PA, Barnett LAK, Thorson JT. sdmTMB: an R package for fast, flexible, and user-friendly generalized linear mixed effects models with spatial and spatiotemporal random fields. bioRxiv 2022.03.24. 485545; doi: https://doi.org/10.1101/. 2022.03.24. 485545.

14) 甲斐幹彦, 塚原洋平, 橋本 緑. 時空間統計モデルおよび R のパッケージ VAST の概要と国際水産資源への適用事例. 日本水産学会誌 2021; 87（4）: 334–347.

15) Carvalho F, Winker H, Courtney D, Kapur M, Kell LT, Cardinale M, Schirripa M, Kitakado T, Yemane D, Piner KR, Maunder MN, Taylor I, Wetzel CR, Doering K, Johnson KF Methot RD. A cookbook for using model diagnostics in integrated stock assessments. *Fish. Res*. doi: 10.1016/j.fishres.2021; 105959.

16) Kell LT, Kimoto A, Kitakado T. Evaluation of the prediction skill of stock assessment using hindcasting. *Fish. Res*. 2016; 183: 119–127.

17) Merino M, Urtizberea A, Fu D, Winker H, Cardinale M, Lauretta MV, Murua H, Kitakado T, Arrizabalaga H, Scott R, Pilling G, Minte-Vera C, Xu H, Laborda A, Erauskin-Extraminiana M, Santiago J. Investigating trends in process error as a diagnostic for integrated fisheries stock assessments. *Fish. Res*. doi: 10.1016/j.fishres. 2022; 106478

18) 北門利英. 個体群の保全と管理の方法.「海棲哺乳類の管理と保全のための調査・解析手法」（村瀬弘人, 北門利英, 服部 薫, 田村 力, 金治 佑編）生物研究社. 2023; 225–241.

第2章　沿岸資源の評価と管理

片山 知史[*]

　資源管理強化の施策が進められ，沿岸資源においては資源評価・資源管理の対象が 200 種以上に拡大する予定である．しかし，農林統計の簡略化に加え，試験研究機関の人員削減が進んでおり，施策と現場の乖離が生じている．沿岸資源の資源評価は，評価結果の利活用というよりも，「広く浅い」長期のモニタリングを主眼として行われるべきであろう．沿岸漁業が漁獲努力不足で漁獲量が低下しているという新たな局面に入っているなか，今後の資源管理の方向性について議論する．

§1. はじめに

　水産資源学の役割について，能勢ら（1994）は資源の現状把握，資源管理型漁業の実現，計画的な漁業経営のために，と整理した．個体群動態学に立脚しつつも応用学問としての水産資源学の位置づけが示されている[1]．水産行政は，水産資源学を踏まえつつ，漁業という経済的行為に対して，自国の共有財産である海洋資源の持続的利用と水産物を食料として国民に供給する使命があるといえる．そして今日的には，漁業生産の維持・水産業の発展に加え，資源評価の精度向上と適切な資源管理方策の提示が求められているのである．

　わが国における漁業，資源，環境に関する調査研究は，1929 年の農林省水産試験場の設立と 1932 年の日本水産学会の創立を機に，組織化が進んだ[2]．当時の調査研究は，漁獲物の体長組成，年齢組成を中心に行われていた．漁獲量変動については，古典的な Russel の平衡理論[3]に加え，初期減耗が重視さ

---

[*] 東北大学農学研究科

れるようになり，環境変動との関係が調べられるようになった．1980年代に入ると，アイソザイムを用いた資源構造の解析や耳石日周輪を用いた初期成長の研究が大きく進展した．研究手法自体が研究対象となり，研究のための研究が行われ始めたともいえる．1990年代には，パソコンが普及し，資源解析にモデルや統計手法が一般的に使われるようになり，シミュレーションも広く行われるようになった．近年では，環境，情報，生命，ナノテクノロジーのイノベーションを経て，調査機器や分析機器が急速に発展し，海洋調査データと生物・環境DNAなどの情報量が格段に増大した．

　そのような調査研究の手法が大きく変化したなかでも，水産資源学の役割は，変わっていないと考える．資源変動メカニズムの解明が基礎学問としての使命であり，漁獲量，生産額の高位安定が応用学問としての目的となろう．手法が変化しても，希求する姿は同じといえる．

　一方，漁獲量と漁業者数が減少している．いい過ぎかもしれないが，漁獲量減少は乱獲が原因だった時代は過去の話となり，今は特に沿岸漁業においては漁獲努力不足で漁獲量が低下しているという新たな局面に入っていると思われる．実際，ある県の水産職員では，「漁業者減少」を理由に人員が削減されている．国家公務員・水産庁職員の削減状況は不明であるが，統計部門が大幅に縮小され，漁業情報（農林統計など）は簡略化されている．

　水産物の安定供給と関係産業の発展が常に求められ，それを支える水産行政と水産学，資源学の使命も変わらないが，この両者の乖離があっては，使命の実現が遠くなってしまう．

§2. 沿岸漁業の現状

　沿岸域には多様な生物が生息しており，多様な漁業が漁獲の対象としている遊漁や養殖業を含めると，沿岸漁業生産の重要性はさらに高まる．沿岸漁業の漁獲量は遠洋，沖合に比べて比較的安定しているものの，1980年代には250万t以上であった漁獲量は，その後漸減傾向となり，近年では約150万tとなっている（図2-1，小型底びき網，沿岸いか釣を含む）．この40年をみると刺網と採貝採藻は減少しているが，定置網，小型底びき網は逆に増加している．この1980年代に急増した小型底びき網漁獲量は，近年20万t以上を生産

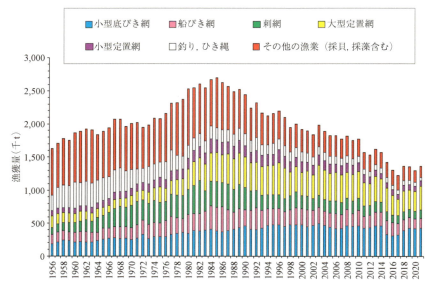

図 2-1　沿岸漁業種類別漁獲量の経年変化（漁業・養殖業生産統計）

しているホタテガイ地まき放流個体の漁獲（地まき養殖）によるものである．そのホタテガイを除くと小型底びき網の漁獲量は 1970 年代をピークに半減している．定置網漁獲量については，マイワシが 1980 年代に大きく押し上げ，その後サケが 1960 年代から 1990 年代にかけて 10 倍になったことで高位安定している．船びき網は，近年コウナゴの漁が低迷しつつも，シラス漁獲が堅調である．一方，採貝は，内湾のアサリが埋め立てで 1980 年代半ばまでに 10 万 t も減少した．現在では，小型底びき網，船びき網，大型定置網で約半分を占めて沿岸漁業を支えており，かつ多様な漁業で多様な資源が漁獲されている．

　一方漁業者の減少が続いている．1961 年に 69.9 万人を記録していた漁業就業者は，2018 年には 15.1 万人と，約 5 分の 1 になった．沿岸漁業の営んだ経営体数は，1963 年から 2018 年にかけて 35％になっている（図 2-2）．養殖が 22％に減少していることが響いている．多くの漁業種が 40〜50％に減っているなか，大型定置網の経営体数はほとんど減少していない．漁獲量も増加しており，漁業全体の中でも安定した漁業種類といえる．

図2-2　全漁業経営体数および沿岸漁業種類別経営体数（養殖を含む）の経年変化（漁業センサス）

　沿岸漁業が直面している問題は，漁業者数の減少に加え，内湾資源問題がある．日本の食文化を支えてきたカレイ類やシャコ，マアナゴの資源が低迷しているのである．禁漁など漁獲圧を大幅に削減しても，ほぼ効果がなく，回復していない．簡単に整理すると各内湾の状況は以下の通りである[4]．

東　京　湾：1990年後半以降，マコガレイを中心とした底魚・ベントス食者の減少が特徴的

伊　勢　湾：小型底びき網の漁獲統計を解析し，カレイ類，マアナゴ，シャコ，クルマエビが1990年代に入って著しく減少

大　阪　湾：魚類の漁獲量（マイワシを除く）が，1980年代以前は魚類の漁獲量が約3万t／年～6万t／年で推移していたのに対し，1990年代以降は約2万t／年～4万t／年と低迷

瀬戸内海：魚類漁獲量が1987年以降減少継続，浮魚を除くと半減

東京湾，伊勢三河湾，大阪湾，瀬戸内海といった内湾域においては，埋め立てによりアサリの漁獲量が1980年代半ばまでに10万tも減少した．1980年後半からは，浮魚の漁獲量は安定しているものの，底魚類や底生甲殻類の減少傾向が継続している．特にマコガレイ，シャコといった内湾を代表する資源が，漁業管理を徹底したなかでも回復していない．内湾における漁獲量の低迷の要因については，1990年代半ばから秋冬季の底層全窒素，全リンの減少が顕著になったことなどから，陸域からの栄養塩供給不足が指摘され，瀬戸内海，大阪湾を中心に種々対策が検討されている．

§3. 沿岸資源政策の歴史

沿岸漁業は，沖合・遠洋漁業とは，資源管理の視点からみると大きく異なる側面がある．沖合・遠洋漁業の資源をコントロールする手段は漁獲しかない．これに対して沿岸漁業の資源については，漁獲以外に，増殖施策がある．増殖の手法としては，種苗放流や漁場造成がある．いずれの手法も予算を投じて，資源を増やそうという積極的な施策である．

このような種苗放流などの人為的に資源を増やす施策は，当初「栽培漁業」「資源培養」と呼ばれた．1962年に水産庁が大蔵省に提出された予算書において「瀬戸内海栽培漁業センター」と記載されて登場した．また1969年の「新全国総合開発計画」における水産業における主要計画課題に「中核的漁港の整備と資源培養型漁業の展開」が明記された[5]．当時，沿岸漁業の漁獲量が頭打ちになりつつある一方で，ハマチ養殖がすでに盛んに生産されていた．そこで，減少傾向にある魚種の資源量，漁獲量を人為的に回復，増大させるために，混獲された幼稚仔魚の移植放流もしくは人工孵化飼育放流などの増殖手段を講ずるための新しい仕組みを，国，県，漁業者の共同事業で作ろうとする構想として進められた．前波（1969）によると，「資源培養」＝「栽培漁業」が最も先端的な技術体系であり，「人類は食糧獲得の歴史において新しい段階に入った」と位置づけられたという[6]．狩猟的な獲る漁業から抜け出した革新的生産技術であるという，非常に前向きなものとして積極的に扱われていた当時の状況がうかがい知れる．

1990年代に入ると，栽培漁業が「水産資源の維持・増大と漁業生産の向上

を図るため，有用水産動物について種苗生産，放流，育成管理などの人為的手段を施して資源を積極的に培養しつつ，最も合理的に漁獲する漁業のあり方」（水産白書，1996）とされ，合理的な漁獲，資源の持続的利用という資源管理と一体化させて進められるようになった．

　その資源管理については，1977年に米国，ソ連，日本の200海里水域が設定され，周辺水域の水産資源の重要性が高まった．そのような状況のなか，同年の漁業経済学会大会の特別シンポジウムで「資源管理型漁業」という言葉が初めて用いられたとされる．その後，1978年には大日本水産会が，また1979年には全漁連が，資源管理型漁業への転換を謳いその方向性を活動方針として位置づけた．行政側は1983年に，水産庁研究部が「資源管理型漁業への移行について」という文書をまとめ，翌年度から開始される資源管理型漁業推進関連事業の布石を敷いた．

　さらに現在の流れである資源管理強化の転機となったのは，1996年の国連海洋法条約の批准と2001年の水産基本法制定である．1994年に発効した「海洋法に関する国際連合条約（国連海洋法条約）」は，第2次世界大戦までの「広い公海，狭い領海（領海3海里主義を原則とした「公海自由の原則」）」から第3次国連海洋法会議（1973〜1982年）を経て，領海，排他的経済水域（EEZ：Exclusive Economic Zone），大陸棚，公海，深海底を定義したものであり，沿岸国はEEZおよび大陸棚の天然資源に主権的権利を有することが明記されたものである．資源管理との関わりで大きな点は，「海洋資源の衡平かつ効果的な利用，生物資源の保存並びに海洋環境の研究，保護及び保全を促進」するために，沿岸国は資源の最適利用の促進を義務づけられ，最大持続生産量を実現することのできる水準に漁獲される種の資源量を維持しまたは回復することのできるよう，自国のEEZにおける生物資源の漁獲可能量（TAC：Total Allowable Catch）と漁獲能力を決定することが示されていることである（生物資源の保存，生物資源の利用）．水産資源管理に沿岸国の責務が明確化された．

　資源管理の方策としては，「漁獲可能量による管理」が2018年改正後の漁業法に明記されている．管理目標をMSY（Maximum Sustainable Yield）とし，これまでよりも取り残し量を多くするためのTACを設定することになった．Bmsyを目標管理基準値，Blimitを限界管理基準値として，漁獲割当てによる

管理が行われる方針である（資源管理基本方針，2023年3月）．そして，沿岸資源も評価・管理対象となり，2023年度までに200種程度に拡大される．

　沿岸資源については，これまで漁獲可能量管理は一部の資源のみであり，漁期・漁場，漁具の規制，漁獲努力量の制御，および種苗放流が盛り込まれる例が多かった．減った資源を増やすために，各海域で多様な生物種の種苗放流が行われている．これが，沿岸資源の資源管理の状況である．実はここにも乖離がある．ある海域で，ある資源が減少すると，漁業者は「どうにかしてくれ」と行政に訴える．行政は，他の漁業種や他の地域・隣県との調整が必要な場合，乱獲だと思われる場合に，現場の実情に合った種々の調整を行う．しかしこれらは「調整」であり，漁業者からは積極的な増殖施策が求められる場合が少なくない．施策の中でも，つくり育てる漁業は長年の国の取り組みによって，広く浸透しており，「放せば増える」という意識は多くの漁業者もそう思っているところである．無論，種苗生産技術が確立していないと種苗放流はできないが，行政としては種苗生産に取り組み，いくらかでも実施することで，漁業者の要望に応える形となる．この段階では「放流」が自己目的化している．そして，実際に増えたかどうか．放流個体が1個体でも漁獲されれば「効果あり」となるし，鉛筆をなめれば，それなりの放流効果を示すことができる．費用対効果についても，公設ならば種苗センターの人件費がカウントされないので，「とんとん」となる．

　放流個体が漁獲される直接効果に加え，放流個体が産卵親魚となり再生産を底上げすることにより，次世代資源も殖えること（間接効果）を，実は漁業者は期待している．しかし，放流種苗が例えば5％の混在率で加入し，そのまま再生産に加わったとしても，1.05のべき乗で資源が「殖えた」事例を，筆者は知らない．種苗放流によって漁獲量は「増える」が，資源は「殖えない」のが実情である．水産行政が推進してきた増殖施策，漁業者の期待，そして実際の効果に乖離があるといわざるを得ない．

§4．資源評価，資源管理における施策と現場の乖離 ━━━━━━
1．沿岸資源調査の現状（農林統計の簡略化，データの蓄積，市場調査の実施）

　ある問題の解決策を立てるには，その問題が生じた原因を特定して，それを

排除する手法を検討するのが一般的なプロトコルである．海洋資源の漁獲量・資源量減少という問題については，その要因は簡単にいえば漁獲圧と海洋環境の2つである．しかしすべての資源はこの双方の影響を受けており，減少要因を特定するのは非常に難しい．原因特定以前に，その変動パターンや漁業の現状を把握することだけでも多くの労力を要するし，緻密な資源解析ができたとしても，漁獲量の増減要因を特定することは極めて困難である．資源評価調査は，漁獲統計の整理に加え，市場調査，精密調査（魚体測定や年齢査定など）の結果を用いて，資源解析を行うという組み立てとなる．しかし，今後約200種を対象とするような資源評価において，すべての資源にこのような資源解析をできるわけではない．

　資源変動パターンの検討，漁業の現状把握には，資源量，CPUEなどの資源量指数，定置網の漁獲量，漁獲量の長期にわたる経年変化データが必要である．漁獲量，漁業情報および関連データの整備が必要な理由がここにある．これらの資源診断・解析を行うための調査方法は，簡便な順に以下のように段階分けできる[7]．

1.　　漁獲量で資源動向を把握する
　　　　・漁獲量データ＜農林統計・都道府県集計＞
2.　　資源量指数，CPUEで資源動向を把握する
　　　　・市場伝票・販売データ＜漁獲量と操業隻数・日数＞
3-1.　体長組成，年齢組成で，資源の状態を推定する
3-2.　加入水準・再生産成功率で資源動向を推定する
　　　　・市場伝票・販売データ＜銘柄別漁獲量＞
　　　　・市場調査＜体長組成，年齢組成＞
4.　　資源解析によって資源量・加入尾数・漁獲圧を推定する
　　　　・市場調査・精密調査＜雌雄，年齢，成熟状態＞
　　　　・コホート解析＜年齢別漁獲尾数＞
5.　　放流効果を含めて解析する
　　　　・市場調査・精密調査＜放流魚の判別＞

22

　重要なことは，いずれの調査も，もし比較対象を設けられるならば，調査結果に客観性を付与できることである．つまり，時空間的に比較するために長期調査もしくは広域調査を行うことである．その意味において，農林統計体制の再整備，水揚げ記録の整備，地先資源および海洋環境の調査枠の継続が重要である．200種を超える魚種について資源評価を行い，資源管理を強化するという現在の政策においては，そのような統計や調査がますます重要になるが，その基本データについて施策と現場には，農林統計の簡略化という，乖離がある．

2. 農林統計の簡略化

　農林統計の簡略化の最たるものは記載魚種の減少である[4]．めぬけ類，にべ・ぐち類，えそ類，いぼだい，はも，ほうぼう類，えい類，しいら類，とびうお類，ぼら類，たらばがに，はまぐり類，うばがい（ほっき），さるぼう（もがい），こういか類，なまこ類，わかめ類，ひじき，てんぐさ類，ふのり類のデータが，2007年の農林統計から消えている．これらに重要沿岸資源が多いことがわかるであろう．また，ちだい，きだいがまとめられて，ちだい・きだいとなった．さらに，遠洋底びき網（南方水域）およびいか釣のうち，日本近海水域以外で漁獲された「するめいか類」は「その他のいか類」に含まれるようになるなど，気をつけなければならない変更も生じた．2007年以降の上記魚種の漁獲量を調べる場合は，各県の農林統計を集めることになる．しかしながら各県も国に合わせて簡略化した魚種も多く，漁獲統計整理が実質不可能になってしまった．しかも，近年は調査対象数が2以下の場合には調査結果の秘密保護の観点から，該当結果を「x」表示とする秘匿措置を施している．現在は，漁業者数が減少し，沖合底びき網など県で1経営体のみの漁業種も少なくない．ある統計で1つでも「x」があると，積算できなくなる．いずれにしても，近年の統計の簡略化は，漁獲統計整理の大きな障害となっている．

§5. 資源評価の目的を再確認 ━━━━━━━━

　資源評価は，TACやIQ（Individual Quota，個別漁獲割当：船舶などごとに数量を割り当てる漁獲割当）の算出のためだけではなく，地先の海と資源の状態を広く浅く把握しておくためという側面もある．国際資源や多獲性浮魚（い

わし類，さば類など）は国が主導，沿岸資源は県が主導して，漁獲量および資源量もしくは資源量指標値を整理し，長期的に整備・保存すること，国民県民にそれらの資源水準・動向を示し説明することが求められる．その資源に何かあった場合，以前も同様のことがあったのかなかったのか，中長期的にみて異常なことなのかどうか，どのような海洋環境条件で生じる事象なのか，漁業の操業状況と照らし合わせて漁業活動に問題があるのかないのか．このような検討を行うためには，過去に遡った長期的なデータが必要なのである．そして，現場試験研究機関や行政機関は，沿岸資源の資源水準と資源動向を把握しつつ，必要があれば乱獲を避けるような漁業管理方策を示すことになる．

　しかしながら，農林統計の簡略化に加え，試験研究機関の人員削減が進んでいる．これまでの管理方策を反省しつつ，今後の沿岸資源の調査体制を再構築することが急務である．そのようななかで，約 200 種に拡大する資源評価が，評価結果の利活用というよりも「広く浅い」モニタリングを主眼として行われることが必要であろう．現在，いくつかの県において，県独自の資源評価調査を行いその結果を公表しており，非常に重要な傾向であると考える．

　人員が減少しているなかでの県などの資源調査であるが，魚市場と県をネットワークで結び，伝票を電子化することによって，水揚げ情報の電子化とリアルタイム化が急速に進んだ．魚種別，銘柄別の漁獲量が当日に集計され，ウェブサイト上で公開されている県が多くなっている．漁業情報の精度が維持向上された．また副次的効果として，全量市場流通が促進され，水揚げデータが県内同じ基準で整えられ，これまでは手書き伝票を書き写す必要があった漁船ごとの日々の漁業種別，魚種別の漁獲量が簡単に計算できるようになった．資源評価作業においては，資源量指数として重要な漁業種別の漁獲量と CPUE（kg ／日・隻）がほとんどの魚種で迅速に集計することができるのである．「広く浅い」モニタリングが自動的に行われていると捉えることができる．

　このように電子化が整備・普及されたが，このようなデータを扱ううえで数字を右から左に整理することには落とし穴がある場合が多い．数字の裏にある現場情報である．例えば，実は外来種が混じってきている，生け簀に入れてまとめて水揚げしている，漁具がマイナーチェンジされている，時化が多く漁場が限られている，ある生物が増加し操業のターゲットが変わっているなど．現

場感覚を養うには，資源評価担当者による市場調査が必須であるが，近年は作業を外注（もしくはOB雇用）している場合が多く，懸念される．また電子化が普及したものの，遊漁については，水揚げ情報の入手が困難となっている．またシラス漁業などは，鮮度保持のために直接加工工場に水揚げしており，漁獲量データの精度に不安がある．また，浜が散在している地域ではまだまだ仲買が直接集荷して買い取るなどの市場外流通が少なくない．電子化任せにはできない場面が残されている．

§6. 今後の懸念

　今回の漁業法改正および沿岸資源のTAC管理で，最もしわ寄せを被るのは現場県職員と漁協職員である．漁業資源の調査や現状の説明は，主に現場の県試験場，県普及員が担う．当然，資源管理・漁業管理を行う場合も同じである．現場調整の苦労を考えたとき，漁獲割当量を配分し，その管理監督を強化することは，行政と現場との信頼関係を失うことになりかねない．現場職員は漁業者とお互いに顔が見えるなかで，収入減を伴う資源管理を説得できるのか．確信をもって，資源管理の「恩恵」を説明できるのか．政策と現場の乖離が広がる状況であるといわざるを得ない．

　また政策上，大きく考え方が変わったのは，TACの決め方である．濱田（2022）は，「トランス・サイエンス」という視点で指摘している[8]．今回の出口管理強化の「新しい資源管理制度は，これまでと違い，国家的な管理を強めるとともに，「数量管理」の範囲を広めて，科学的手法に基づいた管理体制の構築を目指している」のであるが，「TACを，これまで政治的領域にあった社会経済的要因を排除して，科学的根拠だけに基づいて決定しようというのは，まさにトランス・サイエンス領域に関わる問題である」と位置づけている．具体的には，旧TAC制度では漁業者と科学者と行政がABCを基にしながらも，TACの調整が行われてきた．しかし，「TACの調整機構が談合」と強く批判されたこともあり，新TAC制度では，科学的決定手続きが絶対視され，TAC決定のプロセスで漁業団体や漁業者が排除されることが危惧された（実際には，資源管理方針に関する検討会・ステークホルダー会合が開催されている）．

　残念ながら，水産庁による「水産政策の改革」や漁業法改正で，漁業者や漁

業団体と水産庁の間に溝が生じている．今後 TAC の決定プロセス，TAC の配分，TAC 超過時の対応で，おそらくその溝は深まり，乖離が生じる懸念がある．「科学的領域を広げようとしたその制度移行は科学に協力する漁業者をも排除するという点で科学者を漁業現場から遠ざけ，水産の科学を劣化させる可能性が否めない」との濱田（2022）[8] の指摘に同感である．2011 年以降，科学への不信が広まっているなか，科学を尊重するという看板で，科学が政治に利用されていると考えるものである．

§7. おわりに

　立ち戻って，本シンポジウムの新水産基本計画と水産科学の課題検討に至る過程でご逝去された後藤友明氏（日本水産学会・水産政策委員）を追悼する意味で，「『水産政策の改革』に関する日本水産学会の意見（2018 年 12 月）」の作成に向けて，メールで議論していたなかでの後藤氏の言葉を紹介させていただく．普段，会議やシンポジウムでは温和な口調の後藤氏であるが，漁業調整委員会，漁業法について述べていた意見を記して，本章を閉じたいと思う．

　「漁業法のウリであった，漁業者及び漁業従事者を主体とする漁業調整機構の運用を完全に葬り去ってしまった」
　「現場の漁業者が最も懸念している漁業法の改正は，海区漁業調整委員会委員の選出方法を大幅に改めて公選制を廃止すること．これは沿岸漁業における漁業者の声を無視することにもつながりかねない深刻な問題であると考えています」

文　献

1）　能勢幸雄，石井丈夫，清水 誠．水産資源学．東京大学出版会 1988; pp.217.

2）　白木原国雄．資源管理の研究．日本水産学会誌 2018; 第 84 巻特別号 : 58–64.

3）　Russell ES. Some theoretical considerations on the "over-fishing" problem. *J. Cons. Explor. Mer.* 1931; 6: 3–20.

4）　片山知史．内湾域におけるマアナゴ漁獲量の低迷と内湾資源の中長期的変動．マアナゴ資源と漁業の現状．増養殖研究所．2016; 3: 16–23.

5）　片山知史．資源操作論の限界 沿岸資源管理の歴史に学ぶ．「漁業科学とレジームシフト 川崎 健の研究史」（川崎 健，片山知史，大海原 宏，二平 章，渡邊良朗編著）東北大学出版会．2017; 432–447.

6) 前波 雅 . 富の母なる海はそこにある . 日本水産資源保護協会月報 1969; 57: 2–3.

7) 片山知史 , 松石 隆 .「沿岸資源調査法」恒星社厚生閣 . 2022; pp.100.

8) 濱田武士 . 新 TAC 制度をめぐる「政治」と「科学」を問う . 北日本漁業 2022; 50: 4–12.

第 3 章　沿岸漁業における「新たな資源管理」と「海洋環境変化」

三浦 秀樹*

　沿岸漁業は自然に寄り添い，自主的・共同管理により比較的安定した漁獲を維持してきた．しかし 2010 年以降，海水温上昇をはじめとする海洋環境激変などにより漁獲が急減している．このことは漁業者にとって脅威であるだけでなく，水産加工業や流通・小売も含めた地域社会全体の崩壊に繋がりかねない漁業者および国民共通の課題である．これに対処していくためには，環境変化をいち早く知り得る現場の漁業者の声を聴き，その理解や協力を得たうえで，資源管理を実行していくとともに漁業者自身の地球温暖化対策である省エネ推進など CO_2 削減の取り組みに加えて，環境回復の取り組みである，藻場・干潟の保全・回復や魚礁設置などによる漁場環境整備，種苗放流による資源増殖，栄養塩管理，海洋酸性化への対応などの各種対策をより強化し，資源と環境の両方を同時に回復させ，「豊かな海づくり」を実現していく取り組みが求められている．

§1. 日本の漁獲量の推移とこれまでの減少要因 ───

　日本の漁獲量は，1988 年の 1,278 万 t から減少し始め，2022 年には 392 万 t となった．これをもって「日本の漁獲量がピーク時の 3 分の 1 にまで減少したのは乱獲が原因だ」などといわれることがある．しかしその実態をよく見ると，遠洋漁業が 1970 年代以降，各国の 200 海里経済水域設定により日本漁船が他国漁場から締め出された結果，ピークの 399 万 t（1973 年）から 26 万 t（2022 年）まで減少したこと，そしてマイワシの漁獲量が，レジームシフト

---

* 全国漁業協同組合連合会

（魚種交替）などの影響を強く受け，ピークの449万t（1988年）から，最も落ち込んだ2005年には2.8万tまで減少したことが大きく影響している（図3-1）．マイワシは寒冷期には漁獲量が増加しカタクチイワシやスルメイカの漁獲量が減少する一方で，温暖期にはカタクチイワシやスルメイカの漁獲量が増加しマイワシの漁獲量が減少するといわれている[1]．しかし実際にはそのような傾向はほとんど見られず，日本におけるレジームシフトは，海洋環境の変化によるマイワシの漁獲量の大幅な増減となって表れている（図3-2）．この

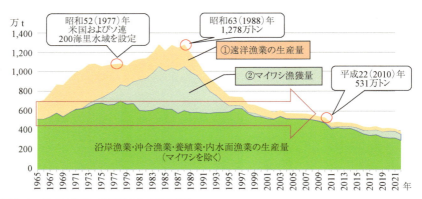

図3-1　日本の漁業・養殖業の生産量の推移
　　　　出典：漁業・養殖業生産統計年報[2]により全漁連作成．

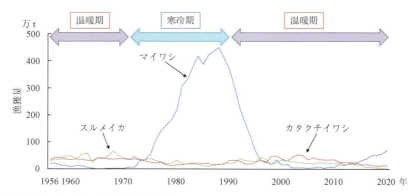

図3-2　レジームシフト（魚種交替）について
　　　　出典：漁業・養殖業生産統計年報[2]より全漁連作成．

2つの要因を合わせると，約 800 万 t もの漁獲量が減少している．これらの要因を除いたわが国の沿岸漁業・沖合漁業・養殖業などの漁獲量は，2010 年頃まで極端な変動は見られず，約 500 万～600 万 t 前後で比較的安定して推移してきた．しかしながら 2010 年以降，漁獲量は急激に減少している．

§2．海洋環境の変化による直近 10 年間の漁獲量急減

次に，沿岸漁業の漁獲量について検討する．マイワシを除く沿岸漁業の漁獲量推移を図 3-3 で見ると，1988 年以降，なだらかに減少しつつも，2010 年まで 20 年以上にわたり平均して 120 万～140 万 t の水準で比較的安定して推移していた．しかし 2010 年以降は傾向が一変する．2010 年の 123 万 t から 2022 年には 75 万 t まで，直近の 10 年間で漁獲量は 2010 年の 4 割も急減した（年平均減少率 4.1％）[2]．

2010 年までもなだらかな減少傾向ではあったが，この原因としては，高度成長期以降に藻場・干潟が 4 割も減少したこと，沿岸域の埋め立てや海岸・河

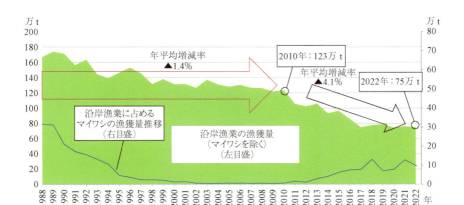

図 3-3　沿岸漁業の漁獲量推移
　　　沿岸漁業の漁獲量は，水産庁（2017）『気候変動に対応した漁場整備方策に関するガイドライン』での沿岸漁業漁獲量の集計方法に倣って，「船びき網」，刺網のうち「いわし流し網」「にしん流し網」「いか流し網」「その他の刺網」，「定置網」，さけ・ますはえ縄のうち「沿岸分さけ・ますはえ縄」，はえ縄以外の釣のうち「ひき縄釣」「その他の釣」，「採貝藻漁業」，「その他の漁業」を集計している．
　　　出典：漁業・養殖業生産統計年報[2] により全漁連作成．

川の護岸工事なども数多く行われたこと，これらにより，稚魚育成の場や貝類および底生生物が減少するなど，生物多様性が失われたことがボディブローのように影響したものと思われる．しかし，2010年以降の急激な変化は，このことでは説明がつかない．

さらに沿岸漁業のうち漁獲量の約5割を占める定置網漁業について図3-4を見ると，漁獲量はマイワシの影響を除くと55万t前後で20年以上にわたり比較的安定して推移してきた．一方で2010年以降の10年間で，漁獲量は2010年の53万tから2022年には34万tまで急減している（年平均減少率3.6％）．

定置網漁業はわが国で400年を超える歴史をもつ漁法であり，2万人を超える漁業者が従事し，地域の水産加工業者に原料を安定的に供給するなど，地域経済に大きく貢献する沿岸地域の基幹産業となっている．この漁業は特定の魚種だけを選択的に漁獲することは難しく，来遊してきた魚群の1～5割程度しか漁獲されない「待ちの漁法」といわれている．資源が多い時には漁獲量も多くなり，資源が少ない時には漁獲量も減少する漁獲の自動調整機能を有しており「資源状態のバロメーター」とも呼ばれている．また人為的に漁獲圧力を高めることができず，乱獲とは無縁の漁法といわれている[3]．定置網に限らず，釣・刺網など沿岸の漁法では，魚を一網打尽にしない，自然に寄り添う漁法が伝統的に発達し共同管理を行いながら日本の漁村地域を支えてきた．

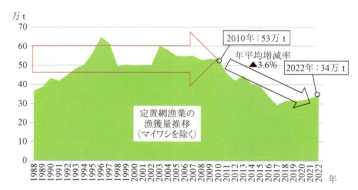

図3-4　定置網漁業の漁獲量推移
　　　出典：漁業・養殖業生産統計年報[2]により全漁連作成．

§3. 資源や漁法に見合った管理手法

　わが国漁業の特徴として，多種多様な魚種を少量ずつ漁獲する沿岸漁業と，少数の魚種に対し多量の漁獲を行う沖合・遠洋漁業が併存すること，そして前者は一つひとつの経営体が小規模な個人経営体で構成されるが，その数は多く，小型漁船を使用し，前浜に来遊してくる魚を獲る，「資源に寄り添う漁業」であるのに対し，後者は経営規模も大きく，比較的少数の経営体により「特定の魚群を追って大量に漁獲する漁業」であることが挙げられる．こうした特徴に合わせて，わが国では資源や漁法に見合った管理手法が採られてきた．すなわち，沿岸漁業では，漁船数などを管理するインプットコントロールや漁具などを制限するテクニカルコントロールを中心に，行政による公的管理に漁業者の自主的管理を上乗せするかたちで共同管理を行ってきた．一方で，遠洋・沖合漁業では，TAC（Total Allowable Catch）をはじめとする，産出量を制限するアウトプットコントロールの手法が比較的有効で，これを中心にした取り組みがこれまでもとられてきた．

　沿岸漁業における共同管理の一例として，サワラ瀬戸内海系群における資源回復の取り組みが挙げられる．瀬戸内海 11 府県のサワラ漁業者は，行政・研究機関の知見を活用し，漁業団体と連携して，2002 年からサワラ資源回復のため，休漁などのインプットコントロール，網目の統一的拡大などのテクニカルコントロールなどを中心として，資源や漁法などに見合った管理措置を選択し，資源管理を実施してきた．こうした共同管理によって漁獲圧を一定以下に維持したことにより，資源量は低位から中位まで回復している．

　日本の共同管理は海外からも評価されており，ワシントン大学のレイ・ヒルボーン教授による，共同管理が世界の漁業問題の有効な解決策となり得るとする論文が科学雑誌「ネイチャー」電子版にも掲載されている[4]．国連 FAO ガイドラインでも，漁業コミュニティによる共同管理の役割が明確に位置づけられており，共同で管理することが重要であることを先述のヒルボーン教授も述べている．わが国においては，古くから漁業者が地先海面の水産資源を共同で管理しており，世界的にみても共同管理の先取りともいうべきものとなっている[5]．このようにわが国の沿岸漁業は自然と共存共栄しながら，長年にわたって資源を持続的に利用する取り組みを続けてきたが，2010 年前後を境に，漁

獲量が急激な傾きで減少しているのである．

§4. 主要魚種の漁獲量の急減

　さらに魚種別に動向を見てみても，近年サケ，サンマ，スルメイカなど主要魚種の漁獲量は大きく減少しており，水産庁「不漁問題に関する検討会」（2021年）でも，海洋環境変化などに起因する資源変動などが指摘された[6]．

1. さけ類

　日本のさけ類の漁獲量を図3-5で見ると，稚魚放流数の増加に従い増加し，1980年代後半から20年以上にわたり，増減をしながらも15万〜25万tで推移してきたことがわかる．しかしながら，2009年以降のおよそ10年間で21万tから2022年の8万tまで，13万tも減少した（年平均減少率6.3％）．

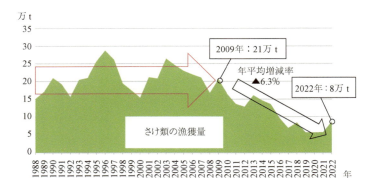

図3-5　主要魚種の漁獲動向（1）さけ類
　　　出典：農林水産省：「海面漁業魚種別漁獲量累計（全国）」[2]より，全漁連作成．

2. サンマ

　次にサンマの漁獲量を図3-6で見ると，1980年代後半から20年以上にわたり，20万〜25万t前後で推移してきたことがわかる．国による2010年の資源量評価では，2003年以降の調査結果に基づいて「資源量は400万t前後で安定」しており資源量は「余裕のある状態」とされた．この時期には，漁獲

第 3 章 沿岸漁業における「新たな資源管理」と「海洋環境変化」 33

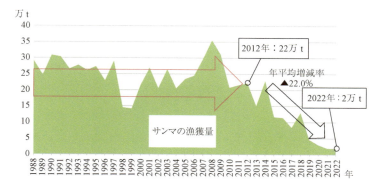

図 3-6 主要魚種の漁獲動向（2）サンマ
出典：農林水産省：「海面漁業魚種別漁獲量累計（全国）」[2] より，全漁連作成．

図 3-7 主要魚種の漁獲動向（3）スルメイカ
出典：農林水産省：「海面漁業魚種別漁獲量累計（全国）」[2] より，全漁連作成．

可能量（TAC）の遵守のために漁獲量を平準化する取り組みもあって，漁獲量は一定の幅の範囲で比較的，安定的に推移した．しかしながら，2010 年以降に漁獲量は減少傾向となり，2012 年の 22 万 t から 2022 年には 2 万 t まで 20 万 t も減少した（年平均減少率 22.0％）．

3．スルメイカ

さらにスルメイカの漁獲量を図 3-7 で見ると，1980 年代後半から 20 年以

上にわたり，増減をくり返しながら 20 万〜30 万 t で安定的に推移してきたこと，しかしながら，2011 年以降のおよそ 10 年間で 24 万 t から 2022 年の 3 万 t まで 21 万 t も減少したことが読み取れる（年平均減少率 17.1％）．

4. 小 括

　ここまで見てきたように，2010 年前後を境に，漁獲量の減少傾向が加速している．サンマについては公海上での台湾・中国などの大型船による大量漁獲，スルメイカについては中国・北朝鮮の漁船による違法操業の影響など，個々の魚種を見ると漁獲量減少の要因には様々なものがあるかもしれないが，総じていえば，海水温の上昇をはじめとする海洋環境の激変が大きな影響を及ぼしているのではないかと考えている．水産研究・教育機構においても，サケ，サンマ，スルメイカなどの魚種に関して，近年の不漁の基本的な要因として，日本周辺の海洋環境の変化があることが指摘されている（**第 4 章**参照）．国連のグテーレス事務総長が 2023 年 7 月の記者会見で「地球温暖化の時代は終わり，地球沸騰化の時代が到来した」と述べている通り，地球沸騰化の影響が海洋生物にいち早く現れたものではないかとないかと考えている．

§5. 海洋環境の変化に対する青年漁業者の声 ──────────

　こうしたなか，2022 年夏，全国漁業協同組合連合会（JF 全漁連）では，全国の青年漁業者に対し「海洋環境の変化に対する浜の実感」についてアンケート調査したところ，96.4％もの回答者が「海洋環境の変化を感じる」と回答した．また回答者の約 7 割が「漁業が継続できなくなるのではないか」，同約 6 割が「資源管理だけでは魚は元に戻らないのではないか」との不安を回答した．具体的な海の環境変化について尋ねると，**図 3-8** のように「海藻を食べるウニやアイゴ，イスズミ，ブダイが増え，磯焼けが深刻だ」（鹿児島），「カキの生育不良と斃死が増えた」（広島），「海苔生産期間が 5 ヶ月から 2 ヶ月に短くなった」（兵庫），「南方系の太刀魚，イセエビやシイラが獲れるようになった」（宮城），「南方系のフグが増えた」（北海道）など，漁期のずれや魚種の来遊，生育状況や水温の上昇などの変化を訴える声が，北から南まで全国各地から寄せられている．

第3章 沿岸漁業における「新たな資源管理」と「海洋環境変化」 35

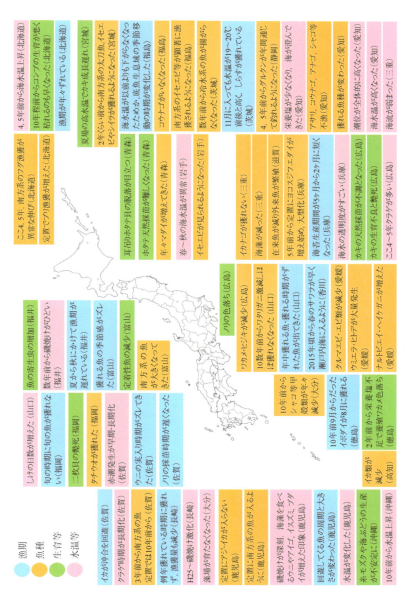

図3-8 青年漁業者の環境変化に対する実感

§6. 今後の取り組みに向けて

　2010年以降の直近10年間の急激な漁獲量の減少は，国民への水産食料の安定供給を担う漁業者にとって大きな脅威であるだけでなく，水産加工業や流通・小売も含めた地域社会全体の崩壊にも繋がりかねない，漁業者および国民共通の課題となっている．海洋環境が激変するなかで資源管理で成果を上げるためには，外国漁船の違法操業への対策や国際的な枠組みによる資源管理の推進も重要であるが，毎日漁に出て，環境変化をいち早く知り得る現場の漁業者の声をしっかり聴き，理解と協力を得たうえで取り組んでいくことが何よりも重要である．特に沿岸漁業では，数量管理と併せ，国際的にも評価されているこれまで行ってきた自主的な共同管理を活かしていくとともに，海洋環境の変化に対して，徹底的な原因究明と実効性ある対策を行うことで資源と環境の両方を同時に回復させていく取り組みが必要である．

　まず，漁業者自身の地球温暖化対策として，これまで実施してきた減速航行や船底清掃などの省エネ操業，省エネ機器・スマート水産業の導入などCO_2削減の取り組みを継続する．これに加えてこれから特に重要なのが，環境回復の取り組みである．漁業者はこれまでも，海のゆりかごとして生物多様性の場である藻場・干潟などの保全・回復や食害生物の駆除，魚礁設置などによる漁場環境整備の推進，種苗放流による資源増殖などをはじめとする各種対策に取り組んできた．これらの取り組みを今後より強化していくことが重要となる．なかでも藻場・干潟などの保全・回復の活動は，水産資源を増やすために不可欠の取り組みであるだけでなく，CO_2を固定する「ブルーカーボン」の機能を有しており，地球環境全体の保全にも役立つことがわかっている[7]．さらには，青潮の原因となる浚渫跡の埋戻し，下水道の季節別管理運転や海底耕耘，植林などを通じた適切な栄養塩管理，海洋酸性化への対応などをはじめとした各種対策を通じて，漁場環境と水産資源の両面を同時に回復させていくことがわれわれ漁業者にとって求められている．

　四方を海に囲まれた日本人は，古来より海の恵みを最大限享受し，活用してきた．海水温の上昇など，海洋環境が大きく変化している今だからこそ，真に「豊かな海づくり」の輪を広げ，漁業者のみならず，国民と一体となって海洋環境の激変に立ち向かっていかなければならないと考えている．

文　献

1) 特集 水産業に関する技術の発展とその利用〜科学と現場をつなぐ〜.「平成29年度水産白書」水産庁. 2018; 13.

2) 昭和31年〜令和3年漁業・養殖業生産統計年報. 農林水産省大臣官房統計部. 1957〜2023.

3) 「定置漁業における漁業管理のあり方に関する作業部会」とりまとめ. 一般社団法人日本定置漁業協会. 2021.（http://www.teichigyogyokyokai.or.jp/files/workinggroupe.pdf 2024年5月1日閲覧）

4) Gutiérrez NL, Hilborn R, Defeo O. Leadership, social capital and incentives promote successful fisheries. *Nature* 2011; 470: 386-389.

5) 水産資源管理を成功に導くには〜ネイチャー掲載論文〜.「平成22年度水産白書」水産庁. 2011; 17.

6) 不漁問題に関する検討会とりまとめ〜中長期的なリスクに対して漁業を持続するための今後の施策の方向性について〜. 水産庁. 2021.（https://www.jfa.maff.go.jp/j/study/attach/pdf/furyou_kenntokai-19.pdf 2024年5月1日閲覧）

7) 環境省報道発表資料「2022年度の我が国の温室効果ガス排出・吸収量について」. 環境省. 2024.（https://www.env.go.jp/press/press_03046.html 2024年4月12日閲覧）

第4章　気候変動と不漁問題

中田 薫[*]

　水産基本計画では，地球規模の「海洋環境の変化」に伴う資源の分布や回遊の変化に適応する必要性が指摘されている．具体的には，不漁のメカニズムの解明と併せて漁獲対象種や漁法の複数化をはじめとする複合的な漁業への転換や養殖への変更などが取り上げられた．研究者にはステークホルダー等と対話しながら信頼関係を築いて，調査研究で得られた成果を現場で活かしていく活動が求められる．

§1. はじめに

　日本の漁業生産量は減少傾向が続き，現在ではピーク時の3割以下にまで減ってしまった．近年は不漁が複数年継続して深刻化する「不漁問題」が顕在化し，なかでもサンマ，スルメイカ，サケの漁獲量は，2014年にはそれぞれ22万9千t，17万3千t，14万7千tであったが，わずか5年後の2019年には4万1千t，4万t，5万6千tへと急減し，漁業者だけでなく加工業者や流通業者にも大きな痛手を与えている．

　2020年秋に，「サケ，サンマ，スルメイカなどの不漁が起こるメカニズムを説明してほしい」との要請が水産庁から水産研究・教育機構（以下，水産機構）に寄せられた．しかし，メカニズムの全容は明らかでなく，今後獲れるようになるかどうかについても確たる根拠をもって答えられる状況ではない．そこで，「これまでの知見を集め，わかっていることと未解明だがおそらくこうではないか，ということを整理し，不漁のメカニズムに関する『仮説』を構築

---

[*] 国立研究開発法人水産研究・教育機構，現所属 三洋テクノマリン株式会社

第 4 章　気候変動と不漁問題　*39*

することであれば対応できる」と回答した．水産機構では，対象種ならびに海洋の専門家を集め，不漁のメカニズムの検討を行い，いずれの種類についても，不漁の基本的な要因として近年の日本周辺の海洋環境の変化があることを指摘した．

　2021 年 4 〜 6 月に水産庁が設置した「不漁問題検討会」では，提示した仮説をもとに対応策を検討し，①気候変動の影響解明と資源調査・評価の充実と高度化，ならびに②漁獲する魚種や漁法の多様化などで海洋環境の変化に適応できる漁業へと転換を図ること，の重要性が指摘された（https://www.jfa.maff.go.jp/j/study/attach/pdf/furyou_kenntokai-19.pdf　2023 年 6 月 23 日）．検討結果は 2022 年 3 月に閣議決定された水産基本計画にも反映された．しかし，対応策がなかなか進展せず，2023 年 3 〜 5 月には新たに「海洋環境の変化に対応した漁業の在り方に関する検討会」が開催された．なお，検討結果の内容自体は 2021 年の不漁問題検討会で示された対応策をほぼ踏襲したものとなっている．

　メカニズムを整理し，それをもとに対応策を考えることは，海洋環境の変化と不漁問題への適応の第一歩である．本章では，サンマを例に不漁のメカニズムの仮説を改めて整理し，検討会で示された対応と漁業の現場の間を埋めるのに寄与する調査・研究について考察する．

§2. 「不漁」に共通する要因，日本周辺で起こっている温暖化影響と海洋環境の変化

　不漁の要因として海洋環境の変化を指摘したが，それは人為起源の温室効果ガスの影響による単調な水温上昇だけではない．メカニズムに入る前に，不漁問題の要因と考えられる近年の日本周辺の海洋環境の変化についてまとめておく．

　人為起源の温室効果ガスの上昇に伴い，海水温は全球的に上昇傾向にあり，日本周辺の表面海水温は平均すると世界平均よりも 2 倍以上速く上昇している（https://www.data.jma.go.jp/gmd/kaiyou/data/shindan/a_1/japan_warm/japan_warm.html　2023 年 6 月 23 日）．ただし，図 4-1 に示す通り，実際の日本周辺の年平均表面水温はトレンドを示す直線よりも上にプロットされることが多

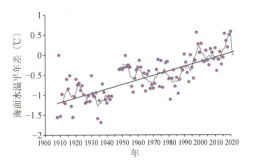

図4-1 日本近海の平均海面水温の平年差の推移
(https://www.data.jma.go.jp/kaiyou/data/shindan/a_1/japan_warm/cfig/data/areaall_SST.txt 2023年6月23日)
太線は5年間の移動平均,細線は100年間の長期トレンドを示す.平年値は1991年～2020年の30年間の平均値.

い期間や下にくることが多い期間が10年スケールの周期性をもって現れているように見える.自然起源の気候変動に伴う水温変動に温暖化が上乗せされる形で変化していて,近年では2000年頃に極大,2010年頃に極小となった後に上昇に転じている.

北太平洋における自然起源の主要な海面水温の変動として知られる太平洋10年規模振動(Pacific Decadal Oscillation：PDO)は,10～数十年周期で太平洋の中央部付近と北米沿岸で逆符号の偏差が現れる現象で[1],正の値をとる時には太平洋中央付近から日本周辺海域には冷たい領域が広がり,負の値をとる時には暖かい領域が広がる(https://www.data.jma.go.jp/gmd/kaiyou/data/db/climate/knowledge/pac/pacific_decadal.html 2023年6月23日)とされてきた.温暖化の速度に比べ符号が反転する時の水温の変化率が大きく,多獲性浮魚類のなかで優占種が入れ替わる魚種交替(レジームシフト)との関連[2]が指摘されるなど,水産資源の変動との関係が指摘されてきた.ところが,2000年頃から,負の値をとるなかで冬春季の表面海水温が低下し,2014年に正の値へと符号が反転すると水温がジャンプし,高い状態が続くなど,PDO指数と日本周辺の水温の関係性が一時的に変化している[3].Litzow et al.(2020)は,一般的に使用される気候指数とこれまで観察されてきた水温などの分布パターンとの関係が気候変動により変化したと指摘している[4].サンマ[5]やスルメイカ[6]は日本周辺が温暖レジーム期に増え,寒冷レジーム期に減るとされてきたが,PDO指数が正の値をとった2010年代の半ばに水温がジャンプした後に両種の不漁が深刻化している.地球温暖化のもとでは,これまでくり返すと考えられてきた資

源と海洋環境の振動の関係が通用しなくなる可能性を念頭におく必要がある[3].

　海水温が異常に高い状態が数日以上，多くは数週間から数ヶ月続く現象を海洋熱波と呼び，地球温暖化に伴って発生頻度が高まると予測されている[7]. 海洋熱波は日本周辺でも見られるようになっていて，水産資源の分布や回遊，海洋生態系に大きく影響している．2010 〜 2016 年の夏季に東北から北海道の太平洋岸に現れた海洋熱波は[8]，北海道の南岸近くに形成された暖水塊としてサンマ漁場の沖合化や漁期の遅れに繋がったものと考えられる[9].

　このほか，離れた地点で何らかの現象が伴って変化する現象をテレコネクションと呼ぶが，例えば，全球平均の 4 倍の速度で温度が上昇している（https://www.science.org/content/article/arctic-warming-four-times-faster-rest-world　2023 年 6 月 23 日）北極圏に位置するバレンツ海などで夏に海氷が少ないと日本をはじめとする東アジアや北米で厳冬となる[10, 11]. 2012 年の北極海の海氷面積は 2021 年までで過去最低だった（https://www.data.jma.go.jp/gmd/kaiyou/shindan/a_1/series_arctic/series_arctic.html　2023 年 6 月 23 日）が，続く 2013 年の冬春季は，北海道周辺の水温が低かった．2013 年に放流されたサケの回帰率は低く，この低水温が沿岸域に分布するサケ稚魚の低成長と低い回帰率の要因のひとつとなった可能性がある[12].

§3. 不漁のメカニズムの仮説－サンマの例

　水産基本計画では，不漁への対応として初めに取り上げられているのが気候変動の影響解明と資源評価の高度化である．わかっていることと未解明なことを明らかにして不漁のメカニズムを仮説として整理することで，漁業の現場でもたれる「なぜ，不漁となっているのか」という疑問に一定の答えを示せるだけでなく，今後必要となる研究を明確化できるメリットがある．ここではサンマを例に，仮説の基盤となる個々の知見を示しながら不漁メカニズムの仮説の内容を紐解く．

　図 4-2 に不漁問題検討会で整理されたサンマの不漁仮説の概念図を示しているが，仮説は，「観察されている現象」と「今後の課題」としてさらなる調査研究を必要とする内容，およびそれらをつなぐ「想定されるプロセス」からなる．観察されている現象は主として，西部北太平洋に位置する東北〜北海道

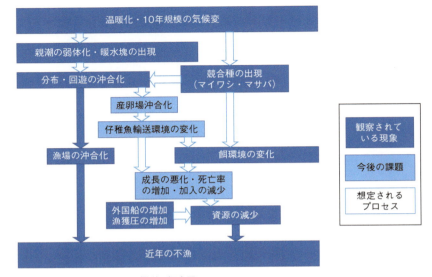

図 4-2　サンマの不漁要因の仮説の概念図
　　　　不漁問題検討会とりまとめの図を一部改変．

東方沖の広い海域において水産機構がサンマの漁期前調査のなかで精力的に明らかにしてきた事柄と漁業情報として得られた事柄からなる．また，「今後の課題」として示されたのは主として産卵から仔稚魚期に相当する期間における現象となっている．

1．東北〜北海道東方沖の移行域〜親潮域で見られた海洋環境と生態系の変化

　サンマの漁期前調査とは，2003年以降，サンマの漁期前にあたる6〜7月に東北〜北海道東方沖で東経180度以東にまで及ぶ広い海域で行ってきた表層トロールによるサンマの分布調査である．サンマの海区別の分布量の変化を図 4-3 に示した．分布量は，2000年代には東経165度以西の西部海域（1区）と東経165〜180度（2区）の海域で多かったのが，2010年に1区の分布が激減し，その後少しもち直したものの，その水準は以前よりも低い状態が続いた[13]．さらに2019年以降，2010年同様1区の分布量が著しく減るとともに，2010年代後半以降には2区の分布水準が低い年も散見されるようになっている．

北海道や東北沖の太平洋岸でサンマ漁場が形成される水域は，表面水温で 12 〜 18℃程度の範囲にある[14]．秋には親潮沿いに適水温域が形成されるため，サンマは親潮を経由して移動する[15]．1993 年以降，表面水温が 12 〜 18℃をとる面積が縮小するとともに[9]，親潮の南限位置が北退する傾向にある（https://www.data.jma.go.jp/kaiyou/data/shindan/b_2/

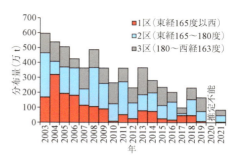

図 4-3　日本の漁期前調査における資源量直接推定調査から推定した海区別サンマ分布量（2003 〜 2021 年）(https://kokushi.fra.go.jp/R03/R03_81S_SAP.pdf 2023 年 6 月 23 日)

oyashio_exp/oyashio_exp.html　2023 年 6 月 23 日）．そのようななかで，2010 〜 2016 年の夏季に海洋熱波が北海道〜東北の太平洋岸に発生し[8]，日本近海に漁場が形成される適水温となる時期の遅れと漁場あるいは産卵回遊ルートの沖合化（東偏）につながったと考えられる．

　サンマ漁場の東偏は 2013 年以降に顕著となり，2019 年，2020 年にはさらに東へと移った[16]．ただし，これには水温の直接的影響以外にも関与している要因がありそうである．谷津ら（2019）は，2012 〜 2017 年の北日本近海で漁獲されたサンマ 1 歳魚の可食部の粗脂肪量と漁獲日や道東沖の海況，資源量などとの関係を検討し，粗脂肪量の多寡が南下回遊の開始時期や経路に影響するという仮説を立てた[17]．さらに Kakehi et al．(2022) はサンマ回遊モデルを用い，サンマの産卵回遊開始が 2003 〜 2018 年に比べて 2019，2020 年に有意に遅いこと，漁期前の 1 歳魚の平均体重と産卵海遊開始時期が有意な負の関係をもつことを示した[16]．また，栄養蓄積の遅れにより産卵回遊の開始が遅れ，これが 2019 年，2020 年の極端な漁場の東偏にもつながった可能性を指摘している．

　Miyamoto et al．(2020) は 2010 年代の漁期前調査で採集されたサンマの胃内容物から，14℃以下の水域では Neocalanus 属カイアシ類が主要餌料であり，中でも東経 175 度以西では Neocalanus plumchrus/flemingeri が餌料生物として

重要であること，水温14℃以上の高水温域では空胃が多く摂餌が不活発であることを明らかにしている[18]．*Neocalanus* 属が優占する親潮域では，カイアシ類現存量が下層からの鉄供給，成層の強化，冬季の鉛直混合の弱まりの組み合わせによる新生産の減少によって制限される一方，1980年代のマイワシ増大期のピーク時には *Neocalanus* 生産量の32～138％をマイワシが摂食していたとの見積もりもある[19]．Fuji *et al.*（2023）[20] は，2003～2019年の漁期前調査においてサンマとその潜在的な競合者であるマイワシ，カタクチイワシ，マサバの分布とその変化を調べた．東経180度以西では，サンマとその潜在的な競合者は海面水温勾配に沿ってわずかに重なり合うものの基本的には隣接して分布し，そのパターンはマイワシが増加して寒冷な海域に分布を拡大した2013年以降も変わらず，サンマの分布もさらに寒冷域側にシフトした[20]．近年のサンマの不漁は，親潮の弱化と水温上昇による餌生物の生産の制限とマイワシの増大によるサンマの成長・栄養蓄積の悪化も影響した可能性がある．

　海洋環境の変化と漁獲圧の影響をともに解析する研究も見られるようになっている．Yatsu *et al.*（2021）は，漁期前調査とサンマの漁獲量ベースの CPUE（Catch Per Unit Effort）の関係を過去に当てはめた CPUE の見積り値（esCPUE）の経年変動を1982～2019年について明らかにし，環境要因や漁獲の影響を説明変数に，esCPUE を予測するのに最も当てはまりが良いモデルを検討した[21]．esCPUE の変化に及ぼす要因は年代によって変化し，黒潮再循環環境の表面水温と北太平洋中央部の動物プランクトン量によってプラスの影響を受け，近年は特に，2000年代以降大幅に増加した外国漁船の漁獲や2010年以降の漁場の沖合化に悪影響を受けたのではないかと推定している[21]．

2. 産卵場水域で見られた海洋環境の変化の影響

　サンマの主産卵期は冬季で，主たる産卵場は日本の南岸を流れる黒潮やその下流の房総沖で東に流れを変える黒潮続流の流軸のすぐ北側に形成されてきた[15]．多獲性浮魚類の卵稚仔調査（産卵調査）により，2010年以前の冬季には，サンマの主要な産卵場が日本南岸の黒潮周辺海域に形成されていたことが確認されている．しかし，2011年以降に日本南岸で仔稚魚がほとんど見られなくなり，黒潮続流以北の日本の東方沖での産卵が中心となっている[15]．

第 4 章　気候変動と不漁問題　*45*

　卵稚仔を輸送する黒潮続流は，1976/77 年に見られたレジームシフト以降，東経 165 度以西の海域で経路長が長く変動が激しい不安定状態と経路長が短く流れも強い安定状態をおよそ 10 年周期でくり返してきた [22]．2010 年に不安定状態から安定状態へと変化し，その期間は 2015 年まで続いた [23]．黒潮続流は 2016 年に一旦不安定状態へと変化したが，2017 年 8 月に上流の黒潮が大蛇行流路をとるようになると下流の続流は安定状態に戻った [23]．2016 ～ 2017 年の一時期を除き，2010 年以降，日本南岸で生まれたサンマは，それ以前に比べ，より東方沖に運ばれやすい流れの状況にあった可能性がある．ただし，これが産卵城の沖合化や仔稚魚の輸送環境に及ぼす影響，さらにこれらの変化が仔稚魚の成長・生残にどう影響したのかは必ずしも明確ではなく，今後の課題となっている．また，卵稚仔から漁獲サイズに加入するまでの期間のサンマの分布を把握するのが難しく，2010 年の漁期前調査において 1 区でほとんど確認できなかったサンマは，どこでどうして消えたかは不明のままである．

§4. 不漁への対応として研究分野に求められること

　今後も海洋環境の変化は続く可能性が高く，この変化に適応することが必要であり，水産基本計画では，①気候変動の影響解明と資源調査・評価の充実と高度化，ならびに資源や海洋環境の変化に対する適応能力を高める観点から②新たな操業形態への転換を図ること，が適応策として位置づけられた．

　①気候変動の影響解明と資源調査・評価の充実と高度化

　水産基本計画では，「変化する気候のもとで悪影響を最小限に抑えるため，気候変動の影響解明と MSY（Maximum Sustainable Yield）ベースの新たな資源評価を着実に進め，これらに適応した的確な TAC 等の資源管理を進める」としている．MSY ベースの資源評価の基盤となるデータは漁獲データである．水産庁が進めるスマート水産業では，ICT 技術を導入して電子的に漁獲データなどの資源評価に必要なデータを効率的に収集する体制を進めようとしている．しかし，データが取得されてからその解析結果が管理に実装されるまでに最短でも 2 年を要する．不漁のように資源が急激に変化している最中には，この 2 年のタイムラグは漁業者の現場感覚と資源評価結果の間にずれを招く一因とな

りうる.

　ある年の資源量が低い値を示した場合，それは年々変動するなかでたまたま一時的に低い値をとっただけなのか，減少が継続して不漁がさらに深刻化するのか，できるだけ早期に見極めることが重要である．このため，資源の生残率の動向を早期に把握できる指標の開発を進める必要がある．例えば，Takasuka et al. が提案する生残率指標の RPE（Recruitment Per Egg production）は，水産機構が都道府県の試験研究機関とともに長年実施してきた産卵調査の結果を利用して算出する[24-26]．RPS（Recruit Per Spawning）に比べてより感度よく密度効果の影響（調査対象種だけでなく他種の効果も含め）や環境の影響を反映することも示されている．このような指標を用い，資源の動向を早期的確に現場に説明できるように情報をとっておくことが重要と考える．

　サンマの CPUE の見積り値を環境と漁獲の両方の影響を入れて説明する Yatsu et al.（2021）のモデルによる成果[21]を紹介したが，人が関与することで資源の状況に直接作用できるのは後者の影響だけである．この両方の影響を分けて評価することができれば，不漁のメカニズムの理解がより進むだけでなく，漁業管理の高度化に道を開くことも可能だろう．気候変動研究では，「もし温暖化がなかったら」ということを数値モデルで予測するイベント・アトリビューション研究が様々な分野の温暖化影響について行われるようになっている．水産分野においても，特に不漁問題について，気候変動の影響と漁獲の影響を分けて評価できる技術の開発が期待される．

　②新たな操業形態への転換，など

　海洋環境と資源の変化は今後も続くと考えられ，しかも「過去は繰り返さないかもしれない」[3]という前提に立つことも必要と考えられるようになっている．このため，モニタリングにより早期に変化を察知し，その変化に順応的に対応できるように対象や手法の複合化・複線化を図ることが，水産基本計画の中で位置づけられた．

　温暖化に伴って生物分布が極方向にシフトしていることは全球で，しかも陸域でも海域でも観察されている．ローカルなスケールで考えれば不漁となる種類ばかりではなく，逆に水揚げが増える種類もある．水産機構の筧氏らは，宮

城県の市場に上がる魚の水揚げ量を調べ，2014年頃を境に東北沖の底水温が上昇し，イカとスケトウダラが大きく減少したのに対し，それまでほとんど見られなかったガザミやタチウオなどが水揚げを大きく伸ばしているのを報告している[27]．漁業の経営を成り立たせるために，不漁となっている種類に加え（あるいは，変えて）新たに増えてきた種類などを活用することは漁業経営上，重要である．このほか，水産業の現場でとりうる適応策として，FAO（2018）は漁業・養殖業の対象の切り替えや経営の多角化，変化への対応に寄与する漁具や養殖設備の多様化，利用・加工技術および貯蔵技術の改善，養殖への投資，経営や生計を立てる手段の多角化，などを漁業の現場で実施する適応策として取り上げている[28]．これらはすべて，状況の変化に応じて適応できるように，選択肢を増やす方向の対応となっている．

　漁業の現場でどのような適応策を選択するかの判断は，増えてきた具体的な種類，地域の特性，既存漁業との組み合わせ，不漁の影響の深刻度など，様々な要因により異なるだろう．研究分野としては選択肢を増やすうえで役立つ技術開発は求められることのひとつである．しかし，たとえ技術的に良いものが開発されたとしても，不漁という大きな痛みを経験している漁業の現場で受け入れられ，実装されていくためには，その技術を導入した場合の経済的な効果などを実証実験などで示し，漁業の現場の納得を得ることが重要である．成果の社会実装を担う水産機構の開発調査センターや大学の社会連携を担う部署が地域の行政とも協力し，漁業の現場との信頼関係を築きながら研究成果を現場で活かしていくための活動がますます重要となる．

　最後に，先述のように，サンマの分布・回遊の変化には水温だけでなく「マイワシ」のような競合者の存在や餌生物の変化などを通じた栄養蓄積も影響することがわかってきた．これらは漁期前調査や生態系のモニタリングがあって初めて把握できたものであり，漁獲量データだけでは不可能である．また，RPEの把握には多獲性浮魚類の卵稚仔モニタリングデータが不可欠である．しかし，これらを実施する調査船は，ドック費用の不足，代船建造がなかなか実現しないなどの厳しい状況にある．漁業の現場と政策との乖離を解消させるためにメカニズムの理解と資源動向の早期把握は今後ますます重要となってく

ると考えられ，これらの調査と研究開発力をどのように維持していくかが避け
て通れない課題となっていることを申し添える．

文　献

1) Mantua NJ, Hare SR, Zhang Y, Wallace JM, Francis RC. A Pacific interdecadal climate oscillation with impacts on salmon production. *Bulletin of the American Meteorological Society* 1997; 78: 1069–1080.

2) Yatsu A. Review of population dynamics and management of small pelagic fishes around the Japanese Archipelago. *Fisheries Science* 2019; 85: 611–639.

3) Kuroda H, Saito T, Kaga T, Takasuka A, Kamimura Y, Furuichi S, Nakanowatari T. Unconventional sea surface temperature regime around Japan in the 2000s–2010s: Potential influences on major fisheries resources. *Frontiers in Marine Science* 2020; 7.

4) Litzow MA, Hunsicker ME, Bond NA, Burke BJ, Cunningham CJ, Gosselin JL, Norton EL, Ward EJ, Zador SG. The changing physical and ecological meanings of North Pacific Ocean climate indices. *Proceedings of the National Academy of Science* 2020; 117: 7665–7671.

5) Tian Y, Akamine T, Suda M. Variations in the abundance of Pacific saury（*Cololabis saira*）from the northwestern Pacific in relation to oceanic-climate changes. *Fisheries Research* 2003; 60（Issues 2–3）: 439–454.

6) Sakurai Y, Kiyofuji H, Saitoh S, Yamamoto J, Goto T, Mori K, Kinoshita T. Stock fluctuations of the Japanese common squid, *Todarodes pacificus*, related to recent climate changes. *Fisheries Science* 2002; 68（sup1）: 226–229.

7) IPCC. 5 Changing ocean, marine ecosystems, and dependent communities. In: *Special Report on Oocean and Cryosphere in a Changing Climate.* 447–587. https://www.ipcc.ch/srocc/（2023 年 6 月 23 日）．

8) Miyama T, Minobe S, Goto H. Marine heatwave of sea surface temperature of the Oyashio region in summer in 2010–2016. *Frontiers in Marine Science* 2021.

9) Kuroda H, Yokouchi K. Interdecadal decrease in potential fishing areas for Pacific saury off the southeastern coast of Hokkaido, Japan. *Fisheries Oceanography* 2017; 26: 439–454.

10) Inoue J, Hori ME, Takaya K. The role of Barents sea ice in the wintertime cyclone track and emergence of a warm-arctic cold-Siberian anomaly. *Journal of Climate* 2012; 25: 2561–2568.

11) Cohen J, Agel L, Barlow M, Garfinkel CI, White I. Linking Arctic variability and change with extreme winter weather in the United States. *Science* 2021; 373: 1116–1121.

12) Honda K, Sato T, Kuroda H, Saito T. Initial growth characteristics of poor-return stocks of chum salmon *Oncorhynchus keta* originating from the Okhotsk and Nemuro regions in Hokkaido on the basis of scale analysis. *Fisheries Science* 2021; 87: 653–663.

13) 冨士泰期．サンマの資源と漁業の現状．アクアネット 2022; 4: 44–49.

14) 木村典嗣，岡田喜裕，Kedarnath Mahapatra. 本州東方海域におけるサンマ漁場と衛星データから得られる海況との関係．東海大学紀要海洋学部 2004; 2（2）: 1–12.

15) Fuji T, Kurita Y, Suyama S, Ambe D. Estimating the spawning ground of Pacific saury *Cololabis saira* by using the distribution and geographical variation in maturation

status of adult fish during the main spawning season. *Fisheries Oceanography* 2021; 30: 382–396.

16) Kakehi S, Hashimoto M, Naya M, Ito S, Miyamoto H, Suyama S. Reduced body weight of Pacific saury（*Cololabis saira*）causes delayed initiation of spawning migration. *Fisheries Oceanography* 2022; 31: 319–332.

17) 谷津明彦，高橋清孝，渡邉一功，本田 修．2012–2017 年秋季の北日本近海におけるサンマ大型魚の可食部の粗脂肪含量と来遊量の経年変動．水産海洋研究 2019; 83: 75–86.

18) Miyamoto H, Vijai D, Kidokoro H, Tadokoro K. Geographic variation in feeding of Pacific saury *Cololabis saira* in June and July in the North Pacific Ocean. *Fisheries Oceanography* 2020; 29: 558–571.

19) Tadokoro K, Chiba S, Ono T, Midorikawa T, Saino T. Interannual variation in Neocalanus biomass in the Oyashio waters of the western North Pacific. *Fisheries Oceanography* 2005; 14: 210–222.

20) Fuji T, Nakayama SI, Hashimoto M, Miyamoto H, Kamimura Y, Furuichi S, Oshima K, Suyama S. Biological interactions potentially alter the large-scale distribution pattern of the small pelagic fish, Pacific saury *Cololabis saira*. *Marine Ecology Progress Series* 2023; 704: 99–117.

21) Yatsu A, OkamuraH, Ichii T, Watanabe K. Clarifying the effects of environmental factors and fishing on abundance variability of Pacific saury（*Cololabis saira*）in the western North Pacific Ocean during 1982–2018. *Fisheries Oceanography* 2021; 30: 194–204.

22) Qiu B, Chen S. Eddy-mean flow interaction in the decadally modulating Kuroshio Extension system. *Deep Sea Research Part II: Topical Studies in Oceanography* 2010; 57, Issues 13–14: 1098–1110.

23) Qiu B, Chen S, Schneider N, Oka E, Sugimoto S. On the reset of the wind-forced decadal Kuroshio Extension variability in late 2017. *Journal of Climate* 2020; 3: 10813–10828.

24) Takasuka A, Yoneda M, Oozeki Y. Disentangling density-dependent effects on egg production and survival from egg to recruitment in fish. *Fish and Fisheries* 2019; 20: 870–887.

25) Takasuka A, Nishikawa H, Furuichi S, Yukami R. Revisiting sardine recruitment hypotheses: Egg-production-based survival index improves understanding of recruitment mechanisms of fish under climate variability. *Fish and Fisheries* 2021; 22: 974–986.

26) Takasuka A, Yoneda M, Oozeki Y. Density-dependent egg production in chub mackerel in the Kuroshio Current system. *Fisheries Oceanography*. 2021; 30: 38–50.

27) Kakehi S, Narimatsu Y, Okamura Y, Yagura A, Ito S. Bottom temperature warming and its impact on demersal fish off the Pacific coast of northeastern Japan. *Marine Ecology Progress Series* 2021; 677: 177–196.

28) FAO. Highlights of ongoing studies, climate change impacts and responses. In: *The State of World Fisheries and Aquaculture 2018 - Meeting the sustainable development goals*. Rome. Licence: CC BY-NC-SA 3.0 IGO. 2018.

第2部　水産業の成長産業化

第5章　沿岸漁業の持続性と漁村地域の存続

板谷 和彦[*]

　水産基本計画では水産資源管理の着実な実施により水産業の成長産業化と漁村活性化の実現を目指している．漁業法の改正ではMSY（Maximum Sustainable Yield，最大持続生産量）に基づく新たな数量管理手法の導入が進められ，従来のTAC（Total Allowable Catch，漁獲可能量）魚種に加えて新たな魚種が数量管理の対象となる．本章では，北海道日本海の漁業の状況を紹介した後，これまでTAC管理されてきたスケトウダラと，新たにTAC管理対象となるマダラ，ホッケ，ソウハチ，マガレイ[1]の資源利用状況を紹介する．

§1. はじめに

　新たな資源管理では，再生産関係に基づいて将来的に最大漁獲量が期待できる親魚量，すなわち目標管理基準値SBmsy（Spawning Biomass that produces the maximum sustainable yield：MSYを実現する親魚量）をはじめ各管理基準値を設定し，目標を目指した漁獲シナリオに基づき漁獲数量で資源管理する[2, 3]．このSBmsyをはじめ各基準値および漁獲方法は，研究機関の会議により科学的に求め提案される．次に，資源管理手法検討部会を経てから資源管理方針に関する検討会（SH（stakeholder）会合）において漁業者をはじめとしたSHへ研究機関会議からの提案が説明され，SHからの意見を取り入れ，管理目標や漁獲シナリオが最終的に決定される．

---

[*] 北海道立総合研究機構 函館水産試験場

第 5 章　沿岸漁業の持続性と漁村地域の存続　*51*

　北海道日本海海域のマダラ，ホッケ，ソウハチ，マガレイについての資源管理方針に関する検討会はまだ開催されていない（2022 年 9 月時点）．資源管理方針に関する検討会においては，研究機関会議から提案された管理目標は，漁獲数量が最大となる親魚量を目標管理基準とし，10 年以内に目標管理基準に達する漁獲シナリオが提案される．SH 会合では，現状の漁業の状況や地域水産業や漁村の存続といった視点に立ち，各資源を今後どのように利用されるべきか，それらを踏まえて各目標値や資源管理方法を検討することも重要と考えられる．そこで，北海道日本海側の沿岸漁業について，漁獲統計をもとに漁獲量の魚種組成の特徴，各魚種の漁獲量と資源状況の推移，沿岸・沖合漁業別の漁獲状況や漁業就業者数を分析し，今後必要となる研究について考えてみたい．

§2. 北海道日本海の漁業の状況

　北海道日本海海域では，上記の底魚資源を漁獲対象とする主な漁業は，沖合底びき網漁業（以下，沖底漁業とする）と刺網主体の沿岸漁業である．これら漁業の現状をみると，スケトウダラやホッケは資源状態が低迷し過去のような高い漁獲水準を維持するのは困難であり，加えて，魚価の下落，人件費の高騰や高齢化により着業者や漁船数は顕著な減少が続いているといったように取り巻く状況は過去とは大きく異なる．ソウハチとマガレイの資源状態は低い水準ではない[4,5]にもかかわらず，刺網漁業では過去のように高い漁獲数量を維持できていない状況は注視すべき点である．これらを踏まえると，SH 会合においては MSY を目指す議論だけでなく，漁業者からは目標設定や漁獲方法に対する漁業現場の状況を詳細に伝え，将来の漁業や漁村の存続といった視点からの検討も必要であり，時には柔軟な運用も組み入れながら資源管理の推進と漁業の存続が重要と考えられる．

1. 沿岸・沖合漁業の魚種別漁獲量と水揚げ金額の推移

　北海道日本海海域のスケトウダラ，マダラ，ホッケ，ソウハチ，マガレイは主に刺網を主体とした沿岸漁業および沖底漁業で漁獲される．まず，沿岸漁業について北海道日本海沿岸の宗谷〜檜山管内の 1985 年以降の刺網漁業による各魚種の漁獲量および水揚げ金額をみてみる（図 5-1）．総漁獲量は 1985 年

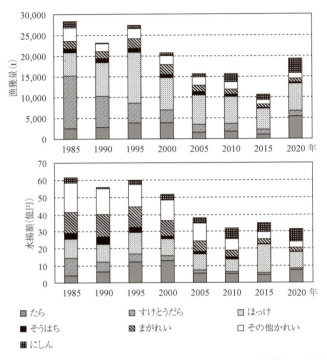

図 5-1　北海道日本海海域における刺網漁業による魚種別漁獲量および水揚げ金額の推移（北海道水産現勢および漁業生産高報告）

には 28.3 千 t であったが，2000 年以降は減少し 2015 年には 10.6 千 t と 1985 年の半分以下にまで減少している．2020 年はタラやニシンの増加により 19.3 千 t と回復しているが，過去のような高い漁獲水準ではない．総漁獲量の減少はスケトウダラの減少の影響が大きいのは明らかだが，ソウハチやマガレイなどのカレイ類の漁獲量の減少が特徴的である．漁獲金額でみると，1985 年には 62 億円あったが，2005 年には 40 億円を下回っており，2020 年には 31 億円と最低となり 1985 年の半分となっている．1985 年にはソウハチ，マガレイなどその他カレイを含めた総額が 33 億円と半数以上を占めるほど重要魚種であったが，2020 年には 2 割以下となっており，カレイ類の漁獲金額の低下が特徴的である．

　沖底漁業について日本海で操業する地区の魚種別漁獲量および水揚げ金額を

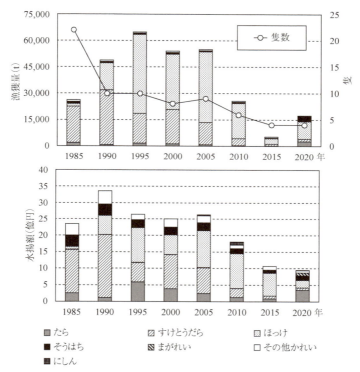

図 5-2　北海道日本海でのみ操業する沖底漁業の魚種別漁獲量および水揚げ金額の推移（北海道水産現勢および漁業生産高報告）

みてみる（図 5-2）．総漁獲量は 1995 年には 64.7 千 t であったが，着業隻数の減少もあって，2015 年には 5.2 千 t と大きく減少した．2020 年はホッケの回復とタラやソウハチの増加により 17.0 千 t となっている．漁獲金額でみると，1995 年には 26 億円あったが，2020 年には 9.4 億円となっている．2005 年まではスケトウダラとホッケの漁獲量が全体の 8 割以上を占めており，沖底漁業はすり身原料向けの水揚げを主体に漁業が発展してきたことがうかがえる．近年，スケトウダラの TAC 管理，ホッケの北海道における資源管理によりこれら魚種の漁獲数量は抑えられているが，ホッケでは生鮮向け出荷による単価向上やソウハチの漁獲量の増加により，漁獲量・金額ともに歯止めを掛けていると考えられる．

2. 漁業就業者

北海道日本海の代表地区として後志振興局および檜山振興局管内の漁業就業者の推移をみると（図5-3），後志では漁業就業者数は1995年には2,249人，檜山管内では1,512人であったが，その後は減少が続き，2020年には後志で957人（1995年の43％），檜

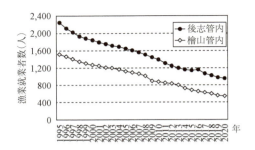

図5-3 後志総合振興局および檜山振興局管内における漁業就業者数の推移（後志総合振興局および檜山振興局の水産より編集）

山管内で540人（同36％）となり，この25年間で半分以下にまで減少している．また，後志管内における沖底漁船の隻数は，1995年には10隻だったが，2015年からは4隻となっており，沖底漁業においても漁業規模は大きく縮小している．このように北海道日本海沿岸の漁業規模は，沿岸・沖底ともにこの25年間でも半分以下となっている．

3. 各魚種の資源の利用状況

各魚種の漁業別漁獲量の推移および単価の状況を以下にみていく．漁獲統計として北海道水産現勢の元データとなる北海道漁業生産高報告を用いた．

1）スケトウダラ（図5-4）

北海道日本海海域における漁獲量（日本漁船のみ）は1990年度前後には12万tを超えていたが，その後は減少の一途を辿り，2003年度には4万tを下回るようになった．その後も減少傾向にはあるが，2015年度以降は資源評価で提案されるABC（生物学的許容漁獲量）以下でのTAC設定が基本とされ，資源回復を目的に漁獲量が低く抑えられている．2015年度以降は5,115〜5,967 tで推移し，2020年度の漁獲量は3,196 tであった．

本資源は2020年度の資源管理方針に関する検討会および水産政策審議会資源管理分科会を経て，MSYである4.4万tを実現するための親魚量を目標管理基準値（SBmsy：38.0万t），限界管理基準値としてMSYの60％の漁獲量が得られる親魚量（17.1万t）が設定された．しかしながら，本資源は禁漁し

ても10年間で親魚量が目標管理基準値まで回復できないことから，資源再建計画として限界管理基準値を暫定管理基準値とした漁獲管理規則に沿った管理となり，2021年度のTACを7.9千tとして新たな資源管理がスタートした．資源評価結果によると近年の漁獲割合は資源量の4％程度と非常に低く抑えて親魚量の回復が図られており，調査船調査によると今後加入してくる年級豊度も高く親魚量の増大が期待されている[6]．

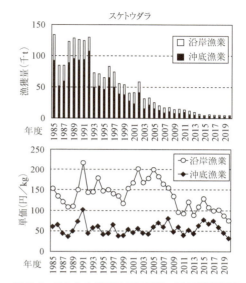

図5-4 スケトウダラ日本海海域における漁獲量および水揚げ単価の推移（北海道水産現勢および漁業生産高報告）

単価についてみると沿岸漁業では2009年以前は100円／kgを上回っていたが，それ以降は100円／kgを下回るようになり，2020年は75円／kgとなり以前よりも大きく下落している．沖底漁業ではこれまで50円／kg前後と安定していたが，2017年以降下落が続き2020年は32円／kgと過去最低となっている．これは，後志をはじめとした日本海沿岸の地区では，スケトウダラやホッケの漁獲量減少を受けて，すり身原料として扱う加工業者の撤退が進み，管内での取引だけでは消費できなくなっていることが理由として考えられる．

2）マダラ（図5-5）

北海道日本海海域における漁獲量は1992，1993年には1万tを超えていたが，その後は減少傾向にあり，2004年以降5千tを下回るようになった．2015年には過去最低の1.8千tとなったが，その後，一転して増加傾向となり，4年後の2019年には過去最高の11.4千tとなった．2014年前後に発生した高豊度年級により近年の資源量および漁獲量の増加につながったと考えられている[7]．魚価単価についてみると沿岸漁業では2000年までは300円／kg前後，

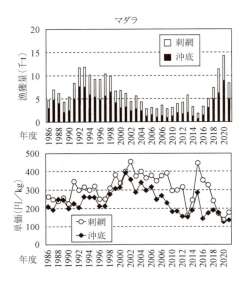

図5-5 マダラ日本海海域における漁獲量および水揚げ単価の推移（北海道水産現勢および漁業生産高報告）

漁獲量が減少した2009年までは400円／kgとスケトウダラと比べると高値が付いているが，漁獲量の増加した近年では150円／kgにまで下落している．しかしながら，スケトウダラに比べて2倍以上の単価となっており，漁業者にとっては収入源にしたい魚種と考えられる．沖底漁業では，単価は沿岸漁業と同じような変動で推移し沿岸漁業よりも安価であったが，近年は150円／kg前後と沿岸漁業と同程度の単価となっている．

3）ホッケ（図5-6）

ホッケについては資源評価の単位である道北群（道央日本海～オホーツク海）の漁獲量をみると，1985年の2.2万t以降は増加傾向にあり，1995年には10万tを超えていた．漁獲量の増加は沖底漁業によるもので，2008年まで高い漁獲量水準で推移した．沖底漁業の漁獲量が大きく増加する一方，沿岸の刺網漁業による漁獲量は1998年に1.3万tに達するが，沖底漁業と比べると増加は小さく，2000年以降も7千t前後で推移している．沖底漁業による漁獲量の増加は，先述のスケトウダラ資源の低迷を受けてすり身原料の確保のためと考えられている[8]．魚価単価は1995年以降では，沖底漁業で30円／kg，沿岸漁業で120円／kg前後となり，生鮮や加工向けを主体とする沿岸漁業では沖底漁業よりも4倍程度高い．2009年以降，加入量の低下をきっかけに資源は減少し沖底漁業の漁獲維持も困難となった．沖底漁業の漁獲量は2014年に1.6万tを下回り，翌2015年には0.9万tと大きく減少，沿岸漁業でも2015年に5千tを下回ったことで，北海道産ホッケの原料不足に陥り，単価は沖底漁業で221円／kg，沿岸漁業で325円／kgと高騰した．2018年以降，

資源管理（後段で解説）による漁獲圧の低下と加入の好転をきっかけに資源状態は下げ止まり，漁獲量はやや増加したが単価は下落している．注目したいのは，漁獲数量の回復が過去のように高くないにも関わらず単価は大きく下落している点である．

ここで，北海道でのホッケの資源管理についてひとつ触れておく．北海道と道総研水産試験場では，資源の悪化を受けて，2012年9月から関係機関と連携して各漁業の漁獲努力量などを現状よりも3割以上削減する緊急的な取り組

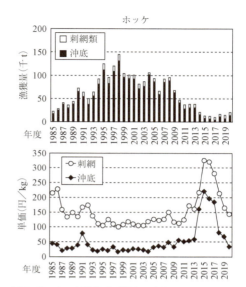

図5-6　ホッケ道北群（道央日本海〜オホーツク海海域）における漁獲量および水揚げ単価の推移（北海道水産現勢および漁業生産高報告）

み「北海道ほっけ資源管理」を進め，若齢魚の漁獲圧抑制を進め親魚量の回復を図ってきた[9]．2015年以降は適正な漁獲圧に抑えられるようになり，2017年級の出現とその親魚量の回復とその親から産み出された2019年の高豊度年級の出現により親魚量の回復へ向け動き出している．

4）ソウハチ，マガレイ（図5-7，5-8）

ソウハチは沿岸漁業では刺網を主体に初夏の産卵期に集群する群れを漁獲対象とし，沖底漁業は索餌期を漁獲対象としている．ソウハチの漁獲量は2009年までは2千t前後で推移し，沿岸漁業と沖底漁業の割合は約半分で維持してきた（図5-7）．2015年にかけて沿岸漁業の漁獲量が減少し2015年に最低値を記録したが，その後は沖底漁業の漁獲量の増加により，2020年は過去最高水準となっている．マガレイは漁獲量の8割が沿岸の刺網漁業により漁獲されてきた．漁獲量は2008年までは2千t前後で推移し，その後減少し2015年に過去最低となった（図5-8）．マガレイは近年でも沿岸漁業が主体なのは，

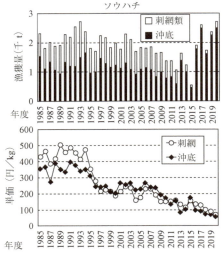

図 5-7 ソウハチ（道央日本海〜オホーツク海海域）における漁獲量および水揚げ単価の推移（北海道水産現勢および漁業生産高報告）

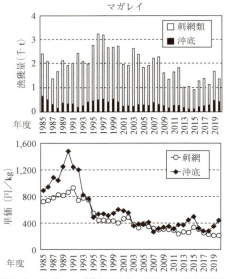

図 5-8 マガレイ（道央日本海〜オホーツク海海域）における漁獲量および水揚げ単価の推移（北海道水産現勢および漁業生産高報告）

ソウハチよりも分布水深が浅いこと，マガレイは生鮮，ソウハチは加工品向けと仕向先が異なることが漁業種類別の割合が異なる理由であろう．両魚種ともに1990年代前半まではソウハチでは400円／kg，マガレイで800円／kgと高値で取引されていたが，1995年前後に大きく下落した．その後，ソウハチでは2000年代は200円／kg，近年では70円／kg以下と大きく下落し，マガレイは300円／kg前後で推移している．

両魚種ともに，コホート解析では資源水準は中水準と判断され，親魚量も高い水準で維持されている[4,5]．近年，資源量や親魚量水準が維持されているのは，ソウハチとマガレイは1994年に沖底と沿岸漁業とで資源管理協定を締結し，この中で進める漁獲全長（18cm以上）制限による効果，これまでの魚価の下落に対応する漁業者の小型魚の回避によるところが大きいと考えられる[10]．最近では，ソウハチを対象とした刺網漁業の撤退，

第 5 章　沿岸漁業の持続性と漁村地域の存続　59

それを補うように沖底漁業の漁獲増といった漁業の大きな変化が見えはじめており，カレイ類資源の利用実態が大きく変わろうとしている．

§3. 今後必要となる研究とは－漁村地域の存続，収益も考慮した資源管理と漁業研究

　北海道日本海の沿岸漁業では，これまでみてきたように，スケトウダラ，マダラ，ホッケの単価と比べて，ソウハチやマガレイの単価の下落幅が大きいことが特徴である．これは，刺網漁業におけるカレイ類と紡錘形魚類との網外し作業の労力の違いが大きいと考えられる．刺網漁法においてカレイ類は網目が臀鰭第 1 鰭条の担鰭骨を基点として体軸に対して斜めに羅網するので[11]，網目から魚体を外す際に紡錘形の魚類よりも手間が掛かることから，カレイ類を対象とする漁業では，刺網に掛かったカレイを網ごと漁港へ持ち帰り，各漁家で家族総出もしくは地域の人を雇って魚を網外しする必要がある．以前は，作業を頼れる人材を地域で十分に確保できたので，採算が取れる漁業として成り立っていた．しかしながら，近年では魚価の下落に加えて，過疎化や人件費の高騰により，カレイ類の刺網漁業は漁村地域の漁業者からは敬遠されるようになったと考えられる．一方で，紡錘形魚類については，過去には，スケトウダラ刺網漁業のように掛かった魚を網ごと漁港に持ち帰って家族総出で網外しすることもあったが，近年では，人材不足により沖の漁場にて乗組員だけで船上で網外しししてから戻る操業体制（使用する漁具数を少なくし，沖合で魚の選別まで終わらせてくる）で対応していると考えられる．以上のことから，刺網漁業では漁業着業者の減少と漁村地域の人口減少を受けて，狙う魚種がカレイ類から紡錘形のホッケやマダラへ変化してきたと考えられる．

　北海道日本海沿岸の漁業を見据えると，TAC 管理への移行に向けた資源管理方針に関する検討会（SH 会合）においては，将来の資源および漁業のあり方について，資源の将来予測結果に加えて，漁村地域の存続も一要素として考える必要がある．このためには，漁村地域の現状分析する研究は重要で，さらには複数の魚類資源を組み合わせて漁獲することで収入的に最大限活用できる漁獲方法の検討，すなわち，季節による単価変動や期待できる漁獲数量を魚種ごとに分析し，収入として最大化するといった視点の研究も必要になると考えられる．

文　献

1) 水産庁資源管理部管理調整課．新たな資源管理の推進に向けたロードマップ（令和2年9月）．2020.
https://www.jfa.maff.go.jp/j/suisin/attach/pdf/index-63.pdf（last accessed 2023/06/18）

2) 国立研究開発法人水産研究・教育機構 水産資源研究所水産資源研究センター．令和4（2022）年度漁獲管理規則およびABC算定のための基本指針．2022.
https://www.fra.affrc.go.jp/shigen_hyoka/SCmeeting/2019-1/FRA-SA2022-ABCWG02-01.pdf（last accessed 2023/06/18）

3) 半沢祐大，山川 卓，亘 真吾．資源管理における参加型モデリングへのステークホルダーの関与の可能性と課題．日水誌 2021; 87（3）: 225–242.

4) 中央水産試験場，稚内水産試験場．ソウハチ（日本海～オホーツク海海域）．2022年度北海道周辺海域における主要魚種の資源評価書．北海道立総合研究機構水産研究本部．2022; 1–14.
https://www.hro.or.jp/list/fisheries/research/central/section/shigen/13_pointheadflounder_JSOkhotsk_2022.pdf（last accessed 2023/06/18）

5) 中央水産試験場，稚内水産試験場，網走水産試験場．マガレイ（石狩湾以北日本海～オホーツク海海域）．2022年度北海道周辺海域における主要魚種の資源評価書．北海道立総合研究機構水産研究本部．2022; 1–12.

6) 千村昌之，境 磨，千葉 悟，佐藤隆太，濱津友紀: 令和4年度スケトウダラ日本海北部系群の資源評価．2023,
https://www.fra.affrc.go.jp/shigen_hyoka/SCmeeting/2019-1/20220907/FRA-SA2022-SC05-01.pdf（last accessed 2023/06/18）

7) 中央水産試験場，稚内水産試験場．マダラ（日本海海域）．2022年度北海道周辺海域における主要魚種の資源評価書．北海道立総合研究機構水産研究本部．2022; 1–13.
https://www.hro.or.jp/list/fisheries/research/central/section/shigen/05_Pacificcod_JS_2022.pdf（last accessed 2023/06/18）

8) 廣吉勝治，甫喜本憲．北海道のホッケ生産と加工 – 産地サイドからの調査報告と提起．水産振興 2008; 42（9）: 1–44.

9) 板谷和彦．道央日本海～オホーツク海海域のホッケの資源評価と管理について．北日本漁業 2022; 50: 41–46.

10) 板谷和彦．北海道周辺海域のカレイ類資源とソウハチの漁獲サイズの変化と資源状態．「日本沿岸域における漁業資源の動向と漁業管理体制の実態調査」東京水産振興会．2013; 129–138.

11) 若山賢一，藤森康澄，板谷和彦，村上 修，三浦汀介．ソウハチに対する刺網の網目選択性．日水誌 2006; 72（2）: 174–181.

第6章　地域漁業の成長産業化の方向性と課題

工藤 貴史[*]

　本章は，地域漁業という視点から成長産業化の方向性と課題について検討することを目的とする．まず漁業の成長産業化の方向性として，①残存経営体の生産性向上と，②地域を単位とした地域漁業の再編という2つの方向性について明らかにする．そして，これらの方向性で成長産業化を進めるにあたって「地域漁業のマネジメント」が必要であることを明らかにし，その具体的な事例を紹介する．最後に，地域漁業の成長産業化を実現するための課題として，①漁業協同組合の地域漁業マネジメント機能の強化と②共同管理の高度化を提案し，「現場と政策の乖離を埋めるために必要な研究」について検討する．

§1. 地域漁業の成長産業化の方向性

　2018年6月1日に「農林水産業・地域の活力創造プラン」において「水産政策の改革について」（以後，「水産政策の改革」）が公表された．「水産政策の改革」は，水産資源の適切な管理と水産業の成長産業化を両立させ，漁業者の所得向上と年齢バランスのとれた漁業就業構造を確立することを目的としている．そして「水産政策の改革」の具体的な行政対応として，2018年12月に「漁業法等の一部を改正する等の法律」が成立し，2022年3月には新たな水産基本計画が策定された．

　これにより「水産政策の改革」による行政対応は一段落したと考えられるが，水産業の成長産業化は政策による誘導のみによって実現されるわけではない．これからはそれぞれの地域において主体的で創造的な取り組みが必要不可欠で

---

[*] 東京海洋大学海洋生命科学部

ある．2018年に公表された「『水産政策の改革』に関する日本水産学会の意見」においても，「今後，自然生態系や社会環境の変動による不確実性がますます高まるなか，共同管理による地域の適応能力（adaptive capacity）の強化は特に重要である」と指摘している[1]．

そこでまずは地域漁業の成長産業化について検討するために，沿岸漁業と養殖漁業がこれまでどのように展開してきたのかを確認し，成長産業化の方向性について明らかにする．

1．残存経営体の生産性向上

今後，地域漁業は経営体数の減少が避けられないが，以下のような成長産業化のシナリオを描くことができる．すなわち，①漁業経営体の減少→②残存経営体1経営体あたり漁場・資源の配分の増大→③残存経営体の漁業所得の増加→④新規漁業就業者の増加→⑤年齢バランスのとれた漁業就業構造の実現→⑥地域漁業の維持→⑦水産物の安定供給の実現というものである．

では，沿岸漁業と養殖業がこのシナリオに沿ってこれまで展開してきたのか図6-1から確認していこう．この図は養殖業と沿岸漁業の生産量，経営体数，

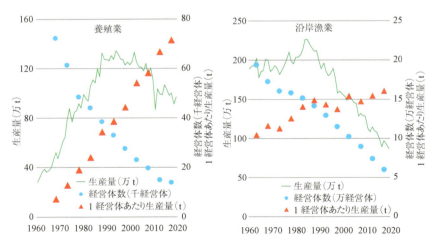

図6-1　養殖業と沿岸漁業の生産量・経営体数・1経営体あたり生産量の動向
　　　　資料：「漁業養殖業生産統計」「漁業センサス」．

1経営体あたりの生産量の動向を示したものである．まず養殖業を見ると経営体数は減少傾向にあるが，これによって生じた空き漁場が残存経営体に配分されることから1経営体あたりの生産量は増加している．その結果，生産量は1960年代から1990年代にかけて増加して2000年代までは横ばいに推移している．2010年代から生産量は減少しているが，これは主に2011年の東日本大震災とその復興の遅れによって貝類養殖と藻類養殖の生産量が減少していることによるものであり，魚類養殖の生産量は2000年代から今日まで25万t前後を安定的に推移している．そして養殖業は2013年から2018年にかけて経営体数の減少傾向が弱まっており，持続可能な養殖経営が実現されつつあることが示唆される．次に，沿岸漁業を見ると，経営体数は一貫して減少傾向にあるが，生産量は1960年代から1980年代後半にかけて微増している．これはこの間に1経営体あたりの生産量が増加したためである．しかし，その後，1経営体あたりの生産量は横ばいに推移しており，経営体数の減少に同調して全体の生産量も減少している．

図6-2は主な漁業種類の経営体数指数（1998年＝100）と1経営体あたりの生産量の変化（1998年→2018年）を示したものである．すべての漁業種類において経営体数はこの20年間で半減あるいはそれ以下となっている．1経営体あたりの生産量は魚類養殖（67.5 t／経営体→165.8 t／経営体）と小型底びき網（28.0 t／経営体→43.1 t／経営体）においては著しく増加しているが，共同漁業権内の小型定置網（18.0 t／経営体→23.2 t／経営体），その他の刺網（5.5 t／経営体→6.5 t／経営体），採

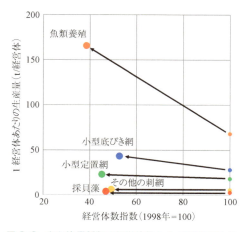

図6-2 主な漁業種類の経営体数と1経営体あたりの生産量の変化（1998年→2018年）
資料：「漁業養殖業生産統計」「漁業センサス」．

貝藻（3.2 t／経営体→3.9 t／経営体）は微増にとどまっている．これらの漁業種類は1経営体あたりの生産量が少なく経営体数の減少が残存経営体1経営体あたりの生産量の増加に結びついていないことがわかる．

　以上の通り，養殖業については成長産業化のシナリオに沿って展開しているが，沿岸漁業ではそのような展開が見られず，時間の経過を待つだけでは成長産業化が実現しないことが明らかである．この点についてはかつてから指摘されており，例えば『漁業白書 平成元年度版』では「漁業経営体の減少率が更に高まる可能性が強いとみられ，残存経営体の生産性の向上あるいは地域における組織化の取組等により，沿岸漁業全体として漁業生産力の維持を図っていくことが重要な課題となっている」としている[2]．このように地域漁業とりわけ沿岸漁業の成長産業化の方向性としては，先述したシナリオの②から③に進めるために残存経営体の生産性を向上させるということが基本となる．

2. 漁業地区を単位とした地域漁業の再編

　残存経営体の生産性を向上させるには，経営体数の減少に応じて漁業生産力を強化する必要がある．その具体的な対応としては[3]，漁船大型化・高馬力化・漁具規制の緩和・操業期間延長などがあり，これらは都道府県の水産行政の対応課題である．また，共同漁業権漁業の生産性を向上させるには漁業権行使規則などを改正する必要があり，これは漁協の対応課題となる．さらに，経営体数の減少に応じて，漁業権（共同漁業権・区画漁業権）の漁場区域について見直す必要が出てくるのであれば，都道府県の水産行政と漁協が連携して対応する課題となる．このように地域漁業において個別漁業種類の生産性を向上させるには，都道府県そして漁業協同組合を単位とした重層的な漁場利用調整が必要となる．

　水産基本計画（2022年3月）においても成長産業化の方向性として，「全国津々浦々の漁村では（中略）地域により主要漁業が異なるなど多様な生産構造を形成して」いることを踏まえて，「漁業者の生産活動が持続的に行われるよう，操業の効率化・生産性の向上を促進しつつ，このような生産構造を地域ごとの漁業として活かし，持続性の確保を図る」としている．

　周知の通り，地域漁業の存在形態は「自然環境と社会環境との複合概念とし

ての漁村の場所的環境」[4]に規定されている．この漁村に相当するのが，漁協（あるいは旧漁協現支所）の関係地区であり，漁業センサスの漁業地区（市区町村の区域内において共通の漁業条件および共同漁業権を中心とした地先漁業の利用などに係る社会経済活動の共通性に基づいて漁業が行われる地区）がこれにあたる．「水産政策の改革」では「年齢バランスのとれた漁業就業構造の確立」を目標としているが，漁業就業構造は漁業地区を単位として独立性をもって成り立っていることからすれば，漁業地区が地域漁業の成長産業化に取り組む基礎単位といえよう．

　地域漁業の成長産業化は，経営体数の減少に応じて個別漁業種類の生産性向上に取り組むとともに，それを統合して漁場の総合的利用と漁業生産力の発展によって地域全体の漁業生産を維持していくことが課題となる．こうした地域漁業全体の再編は，漁業地区を単位とする漁業者集団の実践と具体的提案が不可欠であり，それを都道府県の水産行政が漁場利用制度の規制／緩和によりサポートするといった対応が求められる．

§2.　地域漁業のマネジメント

　前節で検討した通り，地域漁業の成長産業化の方向性としては，漁業地区を基礎単位として漁業経営体数の減少に応じて地域漁業を再編していくことが基本となる．具体的には，経営体数の減少に応じて漁場・資源，漁業種類，労働力，資本，経営形態の組み合わせを最適化して「持続可能な漁業経営」を創出し，それによって地域全体の漁業生産を維持する取り組みが求められている（図6-3）．これは地域漁業全体の経営資源をマネジメントする取り組み（以下，地域漁業のマネジメント）といえる．ここでは，その具体的事例として①漁場利用調整による持続可能な漁業経営の創出，②複合経営，③協業化について紹介する．

1.　漁場利用調整による持続可能な漁業経営の創出

　これまでも現場では漁場利用調整によって持続可能な漁業経営を創出する取り組みが実施されている．ここでは地域営漁計画と東日本大震災後の養殖漁場の配分についての事例を紹介する．

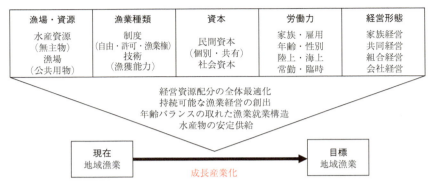

図 6-3 地域漁業のマネジメントによる成長産業化

　地域営漁計画は、「地域漁業者全体の総括的な目標所得を策定し、その目標所得を実現するための手段を計画化すること」であり、1961 年に北海道指導漁業組合連合会が「営漁改善指導」に取り組むこととなったのが始まりとされている[5]．これに取り組む北海道根室市歯舞地区では 1960 年代から歯舞漁協が 3 年に一度「共同漁業権各種承認方式」（以下、承認方式）を策定し、共同漁業権漁業の操業を制限することで持続可能な漁業経営を創出する取り組みをしている．承認方式ではまず地域の漁業種類を基本漁業、共通漁業、制限漁業に区分する．基本漁業は、昆布漁業、カレイなど刺網漁業、7.3 t 以上の漁船漁業、さけ定置網漁業とし、これらの基本漁業はそれぞれ兼業することができないことにしている（ただし 7.3 t 以上漁船漁業とさけ定置網漁業は兼業可能）．そして、昆布漁業を基本漁業とする漁家が持続可能な所得を確保できるようにすべての共同漁業権漁業（30 種類程度）を共通漁業（組合員であれば誰でも操業可能）と制限漁業（昆布漁業以外を基本漁業としている経営体は操業できない）に分別している．これによって昆布漁家の持続性が確保されているだけでなく、昆布漁家の子弟が 7.3 t 以上の漁船漁業やさけ定置網漁業の乗組員になっており、年齢バランスの取れた漁業就業構造も実現している．

　東日本大震災後の養殖漁場の配分においても持続可能な漁業経営を創出する取り組みが見られる．宮城県南三陸町戸倉地区では、震災後、養殖漁場を配分するにあたって、養殖種類ごとに施設 1 台の点数を定め（ギンザケ 6 点、カ

キ 4 点，ホタテガイ 3 点，ホヤ 3 点，ワカメ 2 点），漁家の労働力構成に応じて単身経営 40 点，夫婦経営 46 点，親子経営 60 点と持ち点を決めて漁場を配分している．この点数は，漁家のライフサイクルと必要となる家計費水準そして後継者が参入しうる経済条件から算出したものである．その結果，持続可能な漁業経営が実現し，後継者が漁業に参入するようになり年齢バランスの取れた漁業就業構造が実現している．

　以上の通り，今後，経営体数が減少するなかで，残存経営体の経営改善や新規参入を促進することを目的に漁場利用調整に取り組むことが地域漁業の成長産業化の鍵となる．

2．複合経営

　近年，現場では個別漁業種類の生産性の向上に取り組むのではなく，経営体数の減少によって過少利用となった漁場や水産資源を残存経営体が複合経営によって活用して経営改善を図る取り組みが見られる．

　山口県光市光地区では，底びき網漁業と素潜り漁業の複合経営に取り組んでいる[6]．当地区は新規就業者対策として地区外出身者を積極的に受け入れている．これらの新規就業者は底びき網漁業を主に営んでいるが，夏場は水揚げ金額が少なく漁業経営が不安定であった．山口県漁協光支店では，新規就業者の経営安定を目的に共同漁業権漁場の磯根資源を対象とした素潜り漁を解禁することにした．それまで素潜り漁は乱獲を防止するために禁止されていたが，漁業者の減少と高齢化によって磯根資源がほとんど利用されなくなっていた．それを素潜り漁を解禁することによって新規就業者の所得向上が実現し，これによって新規就業者の確保と地域全体の漁業生産の維持にも結びついている．

　島根県出雲市十六島地区では，定置網漁業とワカメ養殖との複合経営に取り組んでいる[7]．当地区では冬場は時化が多く出漁機会が限られており，それが乗組員の減少・高齢化によって冬場は休漁せざるをえなくなった．そのため周年雇用がされず，ますます若年乗組員を確保することが困難な状況になった．そこで周年雇用の実現を模索するなかで，漁協役員からの提案によって冬場にワカメ養殖に取り組むことになった．当地区ではかつてはワカメ養殖が行われていたが沿岸漁業の衰退とともに営む漁家が激減していたのである．このワカ

メ養殖との複合経営によって周年雇用が実現されたことから若手乗組員が確保されるようになった．そして若手乗組員が確保されたことから冬場も定置網の操業が再開されることとなり，地域全体の漁業生産の維持にも結びついている．

　以上の通り，生産性の低い漁業種類（主に共同漁業権漁業や藻類養殖など）の経営体数が減少するなかで，生産性の高い漁業種類（主に許可漁業・定置網漁業）を営む残存経営体がこれらの漁業種類と複合経営することで所得向上を実現し，それによって新規参入者が確保されることで年齢バランスの取れた漁業就業構造が確立されている．経営体数が減少するなかで残存経営体が漁場の総合的利用によって漁業の生産力発展を図るといった漁業法第1条の実践が地域漁業の成長産業化の鍵となる．

3. 協業化／分業化

　残存経営体が生産性を向上するにあたっては経営規模を拡大したり漁獲能力を強化したりする必要があるが，個別経営体では労働力や資本が零細であるため複数の経営体で協業化したり，あるいは生産工程の一部を分業化するといった経営対応が成長産業化の鍵となる．

　水産政策において協業という用語が初めて使用されたのは，1960年の農林漁業基本問題研究会による「漁業の基本問題と基本対策」とされており[8]，「零細な漁家経営では資本面でも労働面でも劣弱である」ため，「新技術を充分活用できないというギャップを克服するもの」として協業が登場した．この基本対策では「沿岸を生産の場とする漁家経営においては，経営規模拡大のため協業方式の導入や共同経営方式への展開が必要」であることから「可及的に経営の共同化を推進し，また企業的経営を育成していくべき」と述べられている[9]．今日の「水産政策の改革」でも「海面利用制度等に関するガイドライン」や「養殖業成長産業化総合戦略」において協業化は生産力発展の一手法として位置づけられている．

　こうした協業化／分業化が最も進展している漁業種類としてノリ養殖がある．三重県鳥羽市答志島地区では[10]，経営体数の減少によって生じた空き漁場が残存経営体に配分され，1経営体あたり生産枚数が100万枚から200万枚と倍増した．しかし，2010年代には加工施設の処理能力と家族労働力が限界とな

第 6 章　地域漁業の成長産業化の方向性と課題　69

り生産枚数が伸び悩むこととなった．そこで，処理能力の高い加工施設を漁協
が導入し加工作業を漁協へ委託することとなった．加工事業を分業化した結果，
1 経営体あたりの生産枚数が 300 万枚近くまで増加し，品質も向上したことか
ら漁業所得も大幅に増加しており，これによって漁協の事業利益も黒字となる
といった波及効果も生まれている．

　以上の通り，協業化は 1960 年代から漁業経営の課題を解決する一手法とし
て位置づけられてきたが，これは漁業の産業的特質によるものである．漁業は，
漁場・水産資源が私有物ではなく，資本にしても漁港・荷捌き所・保管施設・
冷凍冷蔵庫など共同利用されるものが多く，また漁獲物を共同出荷するなど個
別経営の自立性が他産業に比べて相対的に低いといえる[11]．そのため，個別
経営体による経営課題の解決には限界があり，漁業地区を単位に協業化／分業
化といった集団的な経営対応がなされてきたといえる．

§3.　現場の課題と研究の課題

1.　漁業協同組合の地域漁業マネジメント機能の発揮

　以上，地域漁業のマネジメントの具体的事例について紹介してきたが，これ
らはすべて漁協が主体的に取り組んできた成果である．現場において地域漁業
の成長産業化に取り組むことができる主体は漁協において他にない．地域漁業
の成長産業化を実現するには，漁協の地域漁業マネジメント機能を発揮させる
ことが課題となる．

　漁協は漁場利用調整，共同利用施設整備，経済事業を通して地域漁業マネジ
メント機能を発揮している．戦後から今日まで漁協の地域漁業マネジメント機
能が最も発揮されたのは，資源管理型漁業が展開した 1980 年代から 1990 年
代であると考えられる．資源管理型漁業は漁業の内部に存在する問題を「協同
の力」によって解決しようとするものであり，漁業の産業的特質と協同組合の
基本的性格が合致した宿命的な漁協運動であったといえる．しかし，2000 年
代からは漁業者の高齢化と減少が顕著となり，漁業者数の過多を起因とする漁
場の過剰利用問題や競合問題は解消される方向に進んでおり，「協同の力」を
原動力とする地域漁業マネジメント機能は低下してきたといわざるをえない．

　地域漁業の成長産業化の実現に向けて，今日の漁協に求められている地域漁

業マネジメント機能は，地域漁業の望ましい将来像をデザインし，それに近づくために地域漁業を創造的に再編することである．こうした漁協に求められる今日的な機能を前提とする支援施策として「浜の活力再生プラン」（浜プラン）が 2014 年度から実施されている．浜プランは「5 年間で漁業所得の 10％アップ」を目標にして，それに近づくための取り組み内容を漁協が中心となって主体的に計画するものであり，まさに漁協の地域漁業マネジメント機能の発揮が求められている．

　しかし，その一方で「水産政策の改革」では，成長産業化の推進主体としての漁協の役割が明らかにされておらず，今日の漁業法改正によって特定区画漁業権が廃止となるなど漁協の地域漁業マネジメント機能は弱められる方向にあるといってよい．また近年，独占禁止法の適用除外制度が揺らぎつつあり，漁協の共販事業について公正取引委員会から厳しい目が向けられていることも，その現れのひとつといえよう．

　このような不整合は，現場と政策において漁協の社会的機能に対する共通理解が不足していることが一因となっていると考えられる．現場と政策を結びつける研究としては，漁協による漁業管理の有効性，地域漁業マネジメント機能が発揮される組織体制のあり方，水産物流通において漁協という非営利セクターの果たす機能や社会的意義について解明することが課題となるだろう．

2. 共同管理の高度化

　漁協の地域漁業マネジメント機能が発揮されるためには，行政との共同管理を高度化していく必要があるだろう．2018 年の漁業法改正においても，第 1 条において水産資源の持続的な利用，漁場の総合的利用，漁業生産力の発展を一体的に取り組むことが目的として規定されることになった．この法改正の趣旨を現場に反映させるには，都道府県を単位として，資源管理方針・資源管理協定，漁場計画，浜プランを整合的一体的に実施していく必要がある[12]．とりわけ地域漁業の成長産業化を実現するには，漁場計画と浜プランを有機的に連動させることが重要であると考えられる．

　現在の浜プランは漁家の所得向上を目標としているが，今後はその上位目標として漁場の総合的利用と漁業生産力の発展を実現して地域全体の漁業生産を

維持増加するための中期計画として高度化していくことが望まれる．具体的には，5年後の漁業経営体数の変化を見越して，漁場利用制度を再編し，水産資源と労働力に見合った生産体制を構築することによって全体最適（漁業生産の維持＝水産物の安定供給）と個別最適（漁家所得向上）の相互実現を図ることを目的とした計画である．

　また現在の漁場計画は漁業権漁業のみが対象となっているが，今後は許可漁業と自由漁業も含めて都道府県の管轄海面全体を対象とした漁場利用の総合計画に高度化していくことが必要である．そして上記の中期計画としての浜プランを都道府県単位で纏めて，それに基づいてこの漁場利用の総合計画を策定していくといった連動性をもたせることによって，漁場の総合的利用と漁業の生産力発展を実現するのである．

　このような共同管理の高度化には科学的知見が不可欠である．現場と政策を結びつける研究の課題としては，地域漁業の現状評価・将来予測・目標設定・支援手法といった政策形成に向けた基礎的知見の提供，政策実施の科学的検証，それから地域漁業のガバナンスのあり方について検討することが研究課題となるであろう．

§4. おわりに

　最後に，本書のサブタイトルである「現場と政策の乖離を埋めるために必要な研究とは」について卑見を述べて結びとしたい．

　現場と政策の乖離には，現場の課題が政策に反映されない，政策の目標が現場に反映されないという2つの乖離が存在している．そして，この2つの乖離を埋めるために水産学の貢献が期待されている．

　そのはずであるが，2018年から始まった「水産政策の改革」は，現場の課題やこれまでの水産学の成果が十分に反映されているのだろうか．一方，水産学においても個別専門分野の学術的進歩が著しいことは論を待たないが，「水産政策の改革」に貢献するような総合性をもつ実学的成果を生み出すことが学会などのコミュニティにおいて意識されてきたのか．現場と政策が乖離しているとするならば，双方と水産学との距離も離れてきたことに他ならず，ここに本書の問題意識があると考えられる．

戦後，日本の水産業は産官学の連携によって発展し，それが日本における水産学の発展にもつながった．その後も1980年代からは都道府県の水産行政・試験研究機関・普及員と漁業者が連携して資源管理型漁業の推進に取り組み，近年では東日本大震災からの水産業の復興過程においても現場に根ざした調査研究の重要性についてあらためて共通認識が深められたと考えられる．今後，水産学が水産業の発展に貢献するには，総合性を強みとする実学としてのさらなる発展が不可欠であり，それを科学として発展にも結びつけていくことが課題といえよう．

文　献

1) 佐藤秀一．「水産政策の改革」に関する日本水産学会の意見．2018.
(https://www.miyagi.kopas.co.jp/JSFS/COM/14-PDF/14-20181203.pdf)

2) 水産庁．「図説 漁業白書（平成元年度版）」農林統計協会．1990.

3) 工藤貴史．人口減少時代における漁村再生の意義と課題．漁業経済研究 2021; 64号2号・65巻1号合併号：61–76.

4) 藪内芳彦．「漁村の生態 人文地理学的立場」古今書院．1958.

5) 中井 昭．「営漁指導事業の理論と手法」漁協経営センター出版部．1984.

6) 茂呂居諭．光の海を継ぐ．全国青年女性漁業者交流大会資料 2015.
(https://www.zengyoren.or.jp/business/gyosei/compe/list/)

7) 樋野和則．定置網漁業とワカメ養殖の複合経営化の取組み―周年雇用で若者をつかめ！―．全国青年女性漁業者交流大会資料 2018.
(https://www.zengyoren.or.jp/business/gyosei/compe/list/)

8) 水産庁．「沿岸漁業における協業の考え方と進め方 漁業基本対策の手引き」水産庁．1963.

9) 農林漁業基本問題調査会．「漁業の基本問題と基本対策」1960.

10) 川原栄策．黒ノリ養殖 未来への道筋 －答志黒ノリ漁師の働き方改革－．全国青年女性漁業者交流大会資料 2018.
(https://www.zengyoren.or.jp/business/gyosei/compe/list/)

11) 佐藤尚紀，工藤貴史．沿岸漁業の協業化に関する研究の論点整理と今後の課題．北日本漁業 2021; 49: 33–45.

12) 工藤貴史．沿岸漁業と養殖業の"成長産業化"を考える．アクアネット 2019; 10: 56-60.

第7章 日本の養殖業における現状と成長産業化の課題

金柱 守[*1]

新水産基本計画において，養殖魚の生産政策，および成長化による輸出目標，成長・拡大をする施策として大規模沖合養殖の推進やマーケットイン型養殖業の推進が掲げられている．この計画と実際の運営においては，生産規模と効率の関係，養殖漁場の権利・許可，輸出における抗菌剤（抗生物質など）の利用などクリアしなくてはならない課題は多い．

株式会社ニッスイ（以下ニッスイ）の養殖事業概要，技術開発の取り組み（AI/IOT），沖合養殖／陸上循環養殖などの現状と実態から，養殖産業が抱える課題を生産性，養殖場，薬剤（抗菌剤）の側面で紹介する．

§1. ニッスイの養殖事業

1. 養殖事業の歩み

ニッスイの養殖事業は，1986年にタイでエビの養殖を始めたのが最初である．翌年1987年から宮城県におけるギンザケ飼料の販売および，養殖ギンザケの水揚げ，販売を開始した．

1988年には福井県でのマダイ養殖，チリでギンザケの大規模養殖に参加し，トロール漁業主体であった事業を，養殖事業を含めた漁業事業として転換を図ってきた．その後，大分に養殖専門研究施設を設置し，日本国内ではブリ，マグロ，ギンザケ養殖の研究ならびに，配合飼料の研究と飼料工場の建設など軸足を漁業から養殖業を中心とした事業を構築してきた．海外ではエビ，ギンザケに加えてトラウトサーモン，アトランティックサーモン，ウナギ，ハタ，

[*1] 株式会社ニッスイ海洋事業推進部

ティラピアなどにも投資し事業化を実施した．またブリ，マグロの完全養殖や
エビ，マサバの陸上循環養殖なども手掛けてきた．撤退もあったがその中から
強い事業が残り継続させている．

2. グループ会社の養殖事業所

ニッスイグループの国内養殖場はブリ，カンパチ類8ヶ所，クロマグロ
11ヶ所，サケ類5ヶ所，またフィージビリティスタディでバナメイエビ1ヶ所，
マサバ1ヶ所を展開している．海外では，チリのサルモネスアンタルティカ
社でトラウトサーモンやギンザケ，オーストラリアでブラックタイガーの養殖
を手掛けている．またデンマークの陸上循環養殖でアトランティックサーモン
養殖の会社に資本参加をした．

3. 主な養殖事業会社の概要

ニッスイグループの国内養殖事業は大きく分けて3系統がある．

1つ目は「クロマグロ」養殖であり西南水産（株）（鹿児島）と金子産業
（株）（佐賀）および（株）ファームチョイス（佐賀）がある．金子産業と
ファームチョイスは飼料工場をもっており，自社餌料の開発もしている．西南
水産はマグロ養殖事業のみであるが，完全養殖マグロの研究をニッスイの大分
海洋研究センターと共同で行い，また京都府の伊根において中〜大型マグロの
短期養殖を日本で実施している唯一の養殖事業会社である．これはニッスイグ
ループまき網漁業会社である共和水産（株）との協力関係があることで実現さ
れている．グループ全体の生産量は年間約4,000 t（GGベース）[2]である．

2つ目は「ブリ」類の養殖であり，黒瀬水産（株）（宮崎）の完全養殖ブリ，
さつま水産（株）（鹿児島）のカンパチ養殖がある．黒瀬水産は22年度に人
工種苗による完全養殖[3]100％を達成した初めての企業となった．全体の生産
量は年間約8,750 tである．

---

[2] GG：鰓，内臓を除去した魚体．各社生産量は2021年度実績
[3] 親魚より採卵し，種苗育成から養殖したもので，親魚も養殖魚から選抜された種を使用した完
全循環の仕組み．天然の稚魚，幼魚は捕獲していない．

第 7 章　日本の養殖業における現状と成長産業化の課題　75

　3つ目は「サケ」類の養殖を営む弓ヶ浜水産（株）（鳥取）がある．同社は境港の沖合養殖場，加工工場を起点に佐渡サーモン（新潟），大槌サーモン（岩手）などにも展開，ギンザケを主体にトラウトサーモン，サクラマスの養殖を手掛けている．また鳥取，新潟，岩手と違う拠点をもつことで水揚げ時期がずれ，同社の水揚げ，市場供給期間が長く保てるメリットがある．全体の生産量は年間約 2,800 t である．

§2. 大規模養殖に関連する技術開発と取り組み
1．AI/IoTの活用と生産管理システム

　現在ニッスイグループの養殖事業では下記のAI/IoTを活用して，生産管理，生産性の向上や省人化，省力化を推進している（図 7-1）．

1）給餌システムAqualingual®（自発摂餌型給餌制御システム）[*4]

　給餌システムは魚が餌を欲しがると，摂餌要求センサーを餌と見立てて突っつく行動をする．摂餌要求センサーと環境センサーからの信号を制御装置が受信すると，ネットでつながれた情報処理装置が適切な処理を行い，給餌や光な

図 7-1　大規模養殖の技術開発
　　　　AI/IoT の活用と生産管理システム．

[*4] ニッスイの商標登録システム

どを環境制御装置へ指示し，自動給餌を行うシステムである（図7-2）．適正な時間と環境，給餌量により無駄なく効率的に成長が可能となったことが特徴である．本システムは，サケは全生簀設置済みに，ブリは全生簀に展開中である．

2）体長測定自動化ソリューション

生簀内に水中カメラを設置し，画像解析のAI技術により体長測定を実施している．これにより成長の状態や体重も判別が可能となり，適切な出荷時期や魚病の状況も確認ができ，生産性が良くなった．成長係数のデータ化にも有効な手段であり，ブリは全生簀に設置済み，他魚種にも展開している．

3）尾数計測自動化ソリューション

開発，実証実験中だが，生簀への池入れ時に画像解析のAI技術により尾数を正確にカウントするシステムを開発中．現在は池入れ数がおおよその尾数である会社が多く，実際の生簀内の数量が安定せず，生簀内環境に影響を与えるほか，養殖密度が不安定となり成長に影響があることがわかっている．開発中のシステムではあるが，生簀内環境の改善が見込まれ，成長，病気などに効果的であること，給餌の効率など生産性を改善する有効な手段と考えられている．

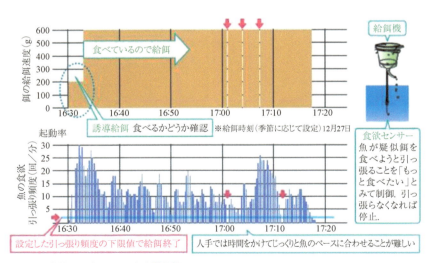

図7-2　食欲センサーを用いた自動給餌システム

第7章 日本の養殖業における現状と成長産業化の課題 77

4）最適生産管理システム

先述 3 つのシステムを活用して最適生産管理システムに取り組んでいるところである．

水中カメラによる尾数・魚体重計測，環境指標（水温，気温，潮流，塩分濃度など），要求型の自動給餌機の給餌タイミングや給餌時間，量をそれぞれデータ蓄積しており，膨大なデータを保有している．このデータを解析してAI による最適自動給餌を行うことにより最適生産管理に近づき，FCR 提言[*5]や成長速度向上を実現した．オープンイノベーションを推進することで，養殖と他の分野を繋ぎ開発スピードを向上させている[1]．

2．新たな生産手段（沖合養殖／陸上循環養殖）

大規模養殖に向けた取り組みとして，日本の漁場は法的，物理的に限られていることが大規模養殖を阻害している．実際，1980 年代より魚種の違いはあっても日本の養殖量は増えてはいない．この状況を改善するためには新たな生産手段として沖合養殖や，陸上循環養殖が期待されている．またノルウェーや中国では大規模な船舶型の移動可能な生簀や養殖船が稼働を始めている．

日本では，主に沖合漁場が検討されており，ニッスイグループではプラットフォーム型給餌システムを沖合に建設し，2 週間〜 1 ヶ月もの間，自動給餌が可能なシステムを鳥取県境港沖で実施している．日本海側は特に冬場は海が荒れ，風が強いこともあり給餌船を出すことができないことがあるため，この自動給餌システムにより沖合養殖が可能となった．

また浮沈式大型生簀も開発している．沖合は風や波を遮ることができないため，波浪の影響をまともに受け，生簀の破損に繋がり，網破れなどがあれば逃亡魚となり生態系に影響も出てくる．これを解決するため浮沈式とすることで波浪の影響を抑え，養殖が可能となった．この 2 つを開発したことで，沖での養殖に可能性が大きく広がった（図 7-3）．ただしマグロは浮沈式での環境対応ができず，餌も生餌しか食べないことで，これらの技術は発展していないのが実情で，ブリ類やサケ類での技術にとどまっている．

[*5] 増肉係数（FCR：Feed Conversion Ratio）提言は飼料要求率．収益改善につなげる FCR の最良化

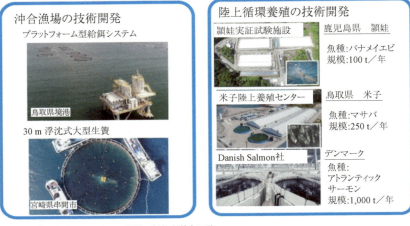

新しい養殖生産フィールドにて漁場の制約条件を回避.

図7-3 沖合養殖・陸上循環養殖など新たな養殖生産手段

§3. 日本の養殖成長産業化の課題

1. 生産の規模と効率

　世界の養殖業生産量の推移をみると，2017年の世界の水産物総生産量は2億tを超え，天然魚漁獲量に対する養殖比率は54％と半分を超えた（図7-4）．養殖は1990年以降大きく増え始め，世界的に見れば養殖比率は天然魚漁獲量を超え，コイや海藻類を除く食用養殖比率でも36％を占めるまでに至った．実際は天然魚漁獲の中から餌，ミール，魚油などに回るものもあることから，食用養殖魚は天然漁獲魚を超える状況となっている．それに対し日本の養殖業生産量推移は1990年以降ほとんど横ばいの状況であり，一番生産量の多いブリ類の養殖に至っては1980年からほとんど横ばいとなっている．マダイは2000年以降減少傾向にあり経営は厳しく，クロマグロ，サケ類は近年，量的に安定はしているもののそれ以外の魚種に比べるとわずかであり，ほとんど発展がみられない[2]．

　サケ類の養殖産業における日本とチリ，ノルウェーの2005年と2020年の15年後の比較を見てみると，生産量はチリ，ノルウェーとも増えているが日

第7章 日本の養殖業における現状と成長産業化の課題

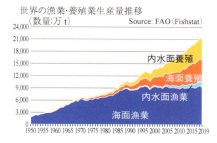
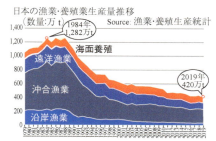

図 7-4 世界・日本の漁業・養殖業生産量推移

表 7-1 サケ類の養殖産業生産規模の海外との比較

主要国のサケマス養殖生産比較	2020年（推定）			2005年時（推定）		
国	チリ	ノルウェー	日本	チリ	ノルウェー	日本
生産量(t)	1,069,862	1,485,761	14,908	601,000	602,000	13,000
経営体数(社)	18	174	59	45	210	80
経営体あたり生産量(t)	59,437	8,539	253	13,356	2,867	163
生産金額(百万ドル)	4,418	7,786	77	1,721	1,957	45
経営体あたり生産金額(百万ドル)	245.4	44.7	1.3	38.2	9.3	0.6
ライセンス数(許可数)	1,355	1,087	59(※)	486	760	80
生産数(個)	3,769	4,434	220	11,200	8,027	242
1生簀あたり(t)	284	335	68	54	75	54
養殖従事者数(人)	19,720(※)	7,103	177(※)	4,800	4,500	240
1人あたり(t)	54	209	84	125	134	54
サケマス単価(ドル／kg)	4.13	5.24	5.13	2.86	3.25	3.43

ノルウェー：Directorate of Fisheries, Norway (fiskeridir.no)
チリ：Aquabench, Aduanas, SUBPESCA ※チリの養殖業従事者34,000人の約58%が養殖生産に従事と推計.
日本：当社社内資料より作成. ベンチャー, ご当地サーモン等の小規模は除く. 2020年 7,092百万円（2020年平均為替107.8円／＄）※ 1経営あたり3名と仮定.
Scottland：https://www.salmonscotland.co.uk/

本はほとんど伸びてはいない（表7-1）．また生簀数も日本はほぼ横ばいだが，チリ，ノルウェーは大幅に減少している．これの意味するところは生産性，効率が大きく進化したチリ，ノルウェーに対して，日本はその状態をほとんど変えてこなかったことがうかがえる．1人あたりの生産数量，1経営体あたりの生産数量も大きく後れをとっているのがわかる[3,4]．

同様にクロマグロの養殖産業における日本とオーストラリア，地中海，メキシコとの違いは日本以外は長期養殖ではなく，短期養殖（業界では蓄養とい

う）であることが見て取れる．日本の場合，ヨコワ（3 kg 未満）を大きくして出荷するため，少なくとも 2 年，人工種苗の完全養殖では 6 年も出荷までにかかっている．これだけ長期での海面養殖となり，そのセンシティブな性質から，浮沈式の生簀が使えないことから台風や魚病も心配される．さらに長期養殖となるため，病気のみならず，食料となる生餌（主にサバ，イワシ）の量もかなりとなり，生産性が悪い．同様に長期海面使用となることからも生産性が悪い．

一方，海外は半年から 1 年での養殖が主流である．中大型魚を蓄養するので，日本のようなリスクがかなり抑えられること，生産効率も良いという利点が挙げられる．特に産卵期を経過した中大型魚体（3 年魚くらい）を捕獲することで産卵経験があるということから，産卵前の魚体を養殖する日本の養殖より資源持続性が高いといわれている．

ただ，日本は親潮，黒潮などの影響による豊かな海洋をもちながらも，地形，海流の影響により中大型魚を捕獲しても養殖生簀まで運ぶことが難しく，なかなか蓄養が難しいという環境があり，このような状況となっている．

2. 漁場の利用

先に日本の大規模養殖漁業に向けた取り組み，新たな生産手段として沖合養殖を説明した．実際，波浪が比較的穏やかな海域であること，内湾やリアス式海岸などの地形と魚種に対応した適正水温であること，海流による水質，水温が安定し，潮通しが良いこと，適正な水深であることなど，条件が多岐にわたることから，日本の養殖漁業に適した海域は非常に限られている．

また，これら静穏海域を必要とする養殖漁場は定置網漁業や刺し網漁業，その他沿岸の区画漁業権漁業者との干渉があり新規漁場の確保が困難な状況であるという日本特有の問題もある．

2018 年約 70 年ぶりに漁業法の改正が行われ「漁業権制度の見直し」があった．漁業権取得プロセスの透明化や合理的な漁場利用の促進が盛り込まれ，漁場取得のハードルが下がり，漁場利用の融通性が期待されたが，団体漁業権，区画漁業権など元の権利者や漁協による従前通りの調整が可能な部分も残された．実際の制度運用においては未だ不透明ではあり，漁場利用の拡大にはまだ

まだ大きな課題がある．したがって海外のような養殖業の成長産業化は，まだまだ道のりが長いと思われる．

3. 国際標準との乖離（薬剤の利用）

　農林水産省の養殖業成長産業化戦略として，養殖魚の 2030 年生産目標と輸出額目標が設定された（表 7-2）．魚類のみだが 2018 年から 2030 年に向けてブリ類は 14 万 t から 24 万 t とプラス 10 万 t，マダイは 6 万 t から 11 万 t とプラス 5 万 t．一方，サケ類が 2 万 t を 3 〜 4 万 t に，クロマグロは変わらないが新魚種で 0 から 2 万 t という目標設定がある．金額では，ブリ類が 160 億円から 1,600 億円と 10 倍，マダイでも 160 億円から 600 億円を目標にしている．

　日本の漁場解放，新技術による沖合漁場，新規漁場の開拓などがなかなか進まないうえ，日本食ブーム，寿司が世界的に広がっているとはいえ，ブリやマダイは実は世界的に人気のある魚種ではなく世界での日本食，特に寿司マーケットが主な市場である．また，ヒラマサやタイ類は世界中にあり，サケやマグロのような世界共通食材でもない魚種であることからも，なかなか輸出拡大のための，漁場開拓は進む気配を見せていない[5]．

　日本特有のブリ類について，日本では許可されている抗生物質（抗菌剤）や

表 7-2　日本の輸出拡大目標と現在地

国際標準との乖離（輸出拡大の目標値）

〇農林水産省養殖業成長産業化戦略

「2030年生産目標」

戦略的養殖品目	生産量
ブリ類	24万 t　（基準年2018年14 万 t）
マダイ	11 万 t　（基準年2018年 6 万 t）
クロマグロ	2 万 t　（基準年2018年 2 万 t）
サケ・マス類	3〜4万 t　（基準年2018年 2 万 t）
新魚種（ハタ類等）	1〜2 万 t　（基準年2018年 0 万 t）

「輸出品目となっているブリおよびマダイの2030年目標輸出額」

戦略的養殖品目	輸出額
ブリ類	1,600億円　（基準年2018年160 億円）
マダイ	600億円　（基準年2018年160億円）

経口投与剤の一部，および，ホルマリン，OTC，フロルフェニコール，スルファジメトキシン，オルメトプリムなどは米国 FDA では承認されておらず，輸出するにはこれらが使用できない状況である．このため，輸出目的として養殖すると魚病が発生したときに大きなリスクとなるため，なかなか生産拡大にならないという実態がある．

また，WHO の CIA（Critically Important Antimicrobials）に指定されている薬剤は世界では許容されなくなりつつある．ブリ類の養殖にとって重要なエリスロマイシン，アンピシリン，オキソリン酸，ホスホマイシンなどの薬剤は，連鎖球菌症，結節症，ビブリオ，眼球炎症の防除に必要であり，これも対応に苦労しているのが現状である．

これらの魚病問題解決のため，水産庁，大手製薬会社，大手水産養殖会社や研究機関が禁止あるいは残存しない薬品の開発と対策，国際的なロビー活動を含め対策を立てているが時間がかかっている．

§4. まとめ

以上に述べたように，世界の養殖業は 1990 年以降大幅に伸長してきた．コイ・海藻類を除いた養殖比率（対漁獲漁業）は 36％以上に伸長している．

一方，日本の養殖業は 1990 年以降横ばいの状況であり，成長していない．この原因として海面漁業は地形や潮流の条件，海面使用（適地）の制限による小規模経営という実態がある．これに加え，大規模経営でしか採算が取れない AI/IoT を活用した技術の投入が難しいことや，逆に最新技術を採用可能で大規模な海域が取りにくく，世界の伸長に追いついていけない現実がある．合わせて，日本特有の漁業権漁業や組合制度などの権利問題なども影響している．

そして日本の得意とするブリ類，マダイなどは魚病の問題から抗菌剤などを使用するが，世界標準に準拠していないため輸出が制限され，養殖漁業の拡大が進まない要因となっている．

これら一つひとつ解決に向けて，また技術革新や新たな漁場開拓の方法など様々な取り組みがなされているので，引き続きわれわれ養殖漁業に係る企業としては，養殖業の成長産業化に向けて取り組んで参りたい．

文　献

1) 株式会社ニッスイ HP（https://www.nissui.co.jp/nissui_like/protection002.html）

2) FAO（FishStatJ），漁業・養殖業生産統計（https://www.fao.org/fishery/statistics/software/fishstatj）

3) Directorate of Fisheries, Norway（fiskeridir.no）（https://www.fiskeridir.no/English）

4) Aquabench, Aduanas, SUBPESCA（https://aquabench.com/en/data-analytics）

5) 水　産　庁 HP（https://www.jfa.maff.go.jp/j/policy/index.html）

第8章　エコラベルと水産物輸出の促進
──ロゴの効果的なデザインに関する一考察──

大石 太郎[*1]

　本章では水産物エコラベルが輸出促進にどのように役立つのかを明らかにするために，まず水産物エコラベルの情報的側面を経済学的観点から整理する．その後，視覚的な情報伝達手段であるロゴに着目して既存研究をレビューし，水産物エコラベルにおける効果的なロゴについて考察する．水産物エコラベルが海外の環境問題の解決や輸出マーケティング活動の手段として機能するうえでロゴのデザインが重要な役割を担っていると考えられる．

§1. はじめに

　近年，水産物輸出振興の観点から，水産物エコラベル制度が注目されている．水産物エコラベル制度とは，持続可能な漁業・養殖業を認証し，そこから得られた水産物（または加工を経た水産商品）にエコラベルと呼ばれるロゴを表示することで，消費者が水産物の持続可能性を識別できるようにする仕組みである．持続可能な水産物を求める消費者の需要がエコラベル水産物の価格上昇や販路拡大をもたらせば，資源・生態系保全という環境面に加え，漁業者や養殖業者の経済面のメリットが期待できる．この経済的メリットの実現を目指して，日本政府は，輸出の促進に向けた「水産エコラベル等の規格・認証や知的財産の戦略的活用」[1]を推進していく方針を示している．

　水産物エコラベル制度を輸出促進に活用する視点は，国内が魚離れにあるとされる日本にとって重要な見方と考えられるが，現時点では必ずしも成功しているとはいえない．現在，日本国内の漁業に主に適用されているのは，英国発

[*1] 東京海洋大学学術研究院海洋政策文化学部門

祥で世界各国の漁業の持続可能性評価に用いられている海洋管理協議会（Marine Stewardship Council：MSC）の認証と日本が独自に設立したマリン・エコラベル・ジャパン（Marine Eco-Label Japan：MEL）の認証の2種類であるが，MSCは認証費用が高額であるなどの理由で日本国内の認証漁業数が少ない点に課題がある．一方，MELは認証漁業数はMSCに比べて多いものの，外国での認知度が低く海外での売上や販路拡大に有効であるとはいい難い[2]．いずれも輸出振興の文脈で課題をもつといえるが，自国の制度であることから変更可能性があるという意味では，外国での認知度が低いというMELの課題はコントロール可能であり政策的な重要性がより高い問題であるように見える．

　水産物エコラベルの認知度を高める具体策のひとつとして，マークや文字からなるロゴのデザインの工夫が挙げられる．視覚的な表現であるロゴは国境や言語の壁を越える際に有益な情報伝達手段となりうること[3]，絵で伝えるロゴは言葉よりも素早く消費者に認識させる手段になりうること[4]，などが企業ロゴや商品ブランドロゴの研究領域で実験的に明らかにされている．デザインは大きなコストを伴わず工夫することもできるため，高いコストパフォーマンスのもとでそうした効果を発揮できる可能性がある．

　以下では，まず環境問題に対するエコラベル・アプローチのもつ情報的側面を経済学的な視点から整理し，それを踏まえて視覚的な情報伝達手段であるロゴに関する既存研究レビューと考察を行う．

§2. エコラベル・アプローチとロゴ

　エコラベル・アプローチの情報的側面は，情報の経済学と呼ばれる研究分野における情報の非対称性（asymmetric information）とシグナリング（signaling）の概念を用いて素描できる．ここで情報の非対称性とは，市場で取引される財の品質などについて売り手と買い手の間に情報の格差が存在することを表す用語である[*2]．漁業の持続可能性について情報の非対称性が存在する場合，つまり売り手である漁業者は持続可能な漁業のもとで漁獲された水産物か否かの情報をもつ一方で買い手（例えば，消費者）はその情報をもたない場合，持続可能な水産物が買い手によって適切に市場評価されず，本来の価格よりも低い価格でしか取引が実現しない．その結果，漁業者が持続可能な漁業に要するコス

トを回収できず，採算性の悪さから持続可能な漁業が推進されにくくなること
が必然的な結果となってしまう．

　このように情報が売り手または買い手の一方に偏ることによって生じる非対
称情報の問題を解決するアプローチのひとつが，情報をもつ側からもたない側
へ合図（シグナル）を送るシグナリングである．例えば，学歴は，労働市場で
売り手に該当する労働者が買い手である雇用主に自身の生産性の高さを伝える
シグナルとして機能する一面がある[6]．高い学歴の持ち主は学ぶのが得意なの
で仕事を覚える時間や訓練が少なくて済むだろうと考えた雇用主がそうした求
職者に高い賃金を提示すると，少ない投資費用（学習時間や精神的負担を含
む）で教育内容を習得できる者ほど投資の費用対効果が大きくなり，該当する
求職者が積極的に高い学歴を選び自ら情報発信し出すからである[*3]．同様に考
えると，水産物エコラベル制度は，消費者の高い需要に期待して，持続可能な
漁業を実践しうる漁業者が自主的に認証を取得し「持続可能な漁業のもとで漁
獲された」という情報を消費者側にアピールするシグナリングの仕組みであり，
そのシグナルに該当するのがロゴといえる．

　エコラベルのロゴがシグナルの役割を果たすうえで，①ロゴの情報が消費者
に伝わっていること，②消費者がロゴの表示された財を優先的に購入すること，
の2つの条件が重要になるが[*4]，日本の水産物の市場ではいずれの条件も十分
に満たされているといえない点にロゴの課題がある．条件の①については，エ

[*2] 情報の非対称性が市場にもたらす影響を「レモンの市場」（レモンとは粗悪な車の米国での俗称）
を引き合いに出し例証した Akerlof[5] は，中古車市場において車の品質を十分に知ることができない
買い手は良質な車や粗悪な車に一定の確率で引き当たると考え市場での平均的な品質を想定して行
動する一方，品質を詳しく知る売り手は市場価格よりも評価の劣る品質の車だけを確実に市場に供給
するため，市場から良質な車が駆逐され粗悪な車ばかり取引されるようになるというメカニズムが存
在する（場合によっては粗悪な車すら取引されず市場そのものがなくなってしまう可能性もある）こ
とを示し，このような品質の不確実性に対処している例として品質を明示しそれが期待に沿わなかっ
た場合に買い手に報復の余地を与えるブランド名（brand name）などのいくつかの仕組みを挙げた．
[*3] ただし，Spence[6] は，高い学歴への見返りは，将来の賃金だけではなく高度な教育を受けられ
るという消費財の側面なども含みうるもので，より多面的であることも指摘している．
[*4] 大石[7] は，これらの2つの条件が満たされる財の市場で実現する社会的余剰を，ピグー税によ
りもたらされる社会的余剰と比較し，両者が外部不経済の内部化にあたって一定条件のもとで同
等の効果をもつこと，またそうでないケースが生じる条件を明らかにした．

コラベルのロゴが表示された水産物が小売店の店頭に陳列されていても，産地情報や食品表記を始めとする膨大な商品情報に晒されている消費者が，ロゴの存在を認識し意味を理解することが十分にできていない可能性がある．事実，消費選択の研究領域では，情報過多は人間の認知能力に限界をもたらすため，必ずしも良い結果をもたらさないことが知られている[*5]．散在する情報を一元的に集約することで情報負荷の低減を図ることが求められる．

条件の②については，日本の消費者における環境配慮財への選好度合いがそもそも低いことが報告されており[9]，その場合，消費者がロゴの存在や意味を認識・理解していても購買行動につながらず持続可能性の実現に至らないことが考えられる．この問題は，情報格差というよりも消費者の教育・啓発にかかわる問題であり，ロゴのデザインの工夫では本質的な解決は困難かもしれないが，次善の策として関心の低い消費者がエコラベル水産物を選択しやすくなるような視覚効果をもつデザインに設計することは可能と考えられる．

以下では，前者の情報集約についてエコラベルと産地情報の一元化の観点から，後者のエコラベルの視覚効果について色や形の工夫の観点から，水産物エコラベルのロゴのデザインのあり方を具体的に検討する．

§3. エコラベルと産地情報

水産物エコラベルのロゴの中に産地情報を組み入れることは，消費者の購買時における情報過負荷の軽減につながるだけでなく，経済的インセンティブを伴わないエコラベルに産地ブランドによる市場価値を付与し，複数の産地ブランドの相乗効果の活用を含むブランド・マーケティングの展開に寄与する．

1. 産地情報の追加

認証対象が特定の国や区域の漁業・養殖業に限定されたナショナルまたはローカルな水産物エコラベル制度では，エコラベルのロゴに産地の限定性の情報を組み入れることで，産地ブランドを表すラベルとしても活用できる可能性

[*5] よく知られた実証研究として，ジャムの品揃えが豊富過ぎると逆に売上が下がることを実験的に確認した Iyengar[8] がある．

がある．例えば，日本または地元限定で認証が行われるエコラベルのロゴの背景に日本地図のシルエットや地元を想起させるシンボルを挿入するといったことが考えられる．

　水産物エコラベルのロゴを日本産という産地情報のシグナルとしても活用することができれば，日本食ブームといわれるほど寿司や刺身に代表される日本食への世界的なニーズを背景として，水産物の輸出促進につながる可能性がある．無論，日本食を求める外国人が日本産を求めているとは限らず日本産と日本食を同一視することは適切ではないが，輸出用の冷凍寿司商品に先述のロゴを表示し，「日本産食材を使った日本食」としてブランド化を図るといったことは考えられるだろう．

　同じことが全国各地に存在する地元の伝統的な郷土料理にも当てはまる．2007 年に農林水産省が全国各地の代表的な郷土料理 99 品目を選定した「農山漁村の郷土料理百選」（https://www.maff.go.jp/j/nousin/kouryu/kyodo_ryouri/panf.html 最終アクセス：2023 年 6 月 25 日）では，最も頻繁に使用される食材（料理名や使用量から最も象徴的なもの）は魚介類（45％）で穀物（25％）や野菜（12％）を大きく引き離している [10] ことから，日本のローカルな食文化においても水産物は重要な食材であると考えられる．さらに，地元の食材を使用した郷土料理の加工食品が輸出され海外で一定の評価を得れば，外国に住む人々に「本場の味を確かめたい」という思いを惹き起こし，地元の郷土料理を味わえる田舎や地方都市の観光需要を喚起することも期待できる [11]．こうした外部経済は，地方を活性化し東京一極集中の現状を緩和することに寄与することから，政府が掲げる地方創生の考え方にも合致している．

　以上は，単独の産地情報についても当てはまる効果であるが，それをエコラベルと分離した産地ラベルのような形ではなく両者を兼ね備えたひとつのロゴで実現できれば，消費者にかかる全体としての情報負荷を低く抑えながら成果を期待することができる．加えて，ワインに代表されるように食品の産地ブランドは市場価値をもち価格に明確に反映されるため，私的便益に裏付けられたインセンティブを伴わず実効力が低いというエコラベルの弱点を補う効果も期待される．

2. 産地情報の追加による相乗効果

　同じ産地に由来する複数の食品の組み合わせは，相乗効果を生み出す可能性がある．例えば，食物と飲料（ワインなど）の相性の良さを考慮した消費が好まれるフランスでは，同一産地のペアはテロワール・ペアリング（terroir pairing）と呼ばれ美食の要素のひとつとされる[12]．同様の考え方がスペイン[13]やポルトガル[14]にも存在し，そうした国々に向けた水産物輸出では，産地の同一性を考慮したブランド・マーケティングの展開によって，価値を向上できる可能性がある．

　日本産という産地ブランドの相乗効果に関する既存研究には，日本産の秋鮭のグリルと日本酒をレストランでメニュー提示する際にそれぞれ単品で提示する場合と両者のペアで提示する場合のいずれが消費者に高く評価されるかを検証した研究がある[15]．この研究では，フランスの人々を対象としたウェブアンケートが実施され，日本産に関する情報提供をしたうえで秋鮭のグリルと日本酒をペアでメニュー提示したグループにおける支払意思額（Willingness To Pay：WTP）が，情報提供をせずにそれぞれ単品でメニュー提示したグループにおける単品のWTPの合計よりも有意に高い結果が得られた[*6]．この結果は，海外で日本酒の人気が高まり輸出量が増加していることを踏まえると，テロワール・ペアリングによる相乗効果を活かした日本産水産物の輸出促進が有効になる可能性を示唆している．

　特産品の種類や価値は産地の気候や風土によって自然の制約を受けるが，それらの組み合わせは無数であり，その掛け合わせ方次第では足し算以上の価値が生み出されうる[16]．豊かな海に恵まれ多様な産地からなるわが国の水産物

[*6] 標準的経済学の視点では，消費者が自分でペアになるよう注文することもできる単品注文での秋鮭のグリルと日本酒へのWTPの合計は，両者の組み合わせに限定されるペア注文でのWTPよりも高くなると考えられるが，そうした結果は得られなかったことから，ペアでの注文はフランスの人々が想定してなかった日本産の組み合わせの価値を提供していたと示唆される．なお，調査対象者は，日本産に関する情報提供の有無とメニュー提示の仕方が異なる4グループ（情報有・ペア，情報有・単品，情報無・ペア，情報無・単品）に分けられて調査された．産地の情報提供をしたうえで秋鮭のグリルと日本酒をそれぞれ単品で提示したグループと，情報提供をせずにメニューを単品で提示したグループとの間には，秋鮭のグリルのWTPと日本酒のWTPの合計値について有意な差は見出されなかった．

90

においては，その価値を最大限に引き出す視点が重要になる.

§4. エコラベルの視覚効果 ━━━━━━━━━━━━

　水産物エコラベルのロゴが消費者の選択を喚起しやすい視覚効果をもつために，ロゴの色や形を工夫することが考えられる.

1. 色の視覚効果

　色の違いが人間の応答に影響することは，過去に多くの研究で指摘されてきた. 代表的な既存研究として，人間が，波長の長い暖色系の色（赤色など）を見ることで興奮する一方，波長の短い寒色系の色（青色など）では落ち着く傾向があることを示した研究[17]が挙げられる. そうした生理学的（または心理学的）な反応に加え，近年では，色が倫理学的（または道徳的）な判断にもたらす影響も注目されるようになってきた. その例として，緑色が赤色に比べて道徳的に善いとされる行動を誘発する効果をもつことを示した研究[18]が挙げられる.

　色が倫理的判断に及ぼす影響について，ロゴを対象として検証した実験も存在する. Sunder and Kellaris[19]は，企業ロゴが緑色や青色の場合には被験者にエコフレンドリーと評価されるが，赤色の場合ではその傾向はなく，青色は緑色よりもエコフレンドリーと評価されることを示した. こうした結果は，デザインの一要素に過ぎない色が，ロゴの環境倫理的な印象にハロー効果（halo effect）[*7]と呼ばれる認知バイアスをもたらしうることを示唆しており，事実に反した環境配慮をアピールするグリーンウォッシング（greenwashing）[*8]の手段として企業に利用される懸念があることを意味している[19]. 事実，米国では，

[*7] ハロー効果（後光効果ともいう）とは，人やモノのある側面の印象から，その人やモノのすべてを「自分の目で確かめてもいないことまで含めて好ましく思う（または全部を嫌いになる）」[20]という傾向である.

[*8] グリーンウォッシングという用語の起源は，1986年に米国の活動家として知られるJ・ウェスターフェルドが環境管理の実例と謳いながら金目当てのタオル再利用プログラムを実践していたホテルの偽善を評したのが始まりであり[21]，研究者の間の定義としては「ステークホルダーを欺くことを狙った，誤解を招く要素のある意図的な企業行動」[22]の意味で用いられることが多い.

2013 年に特許商標庁（USPTO）のガイドラインにおいて，環境に配慮していない企業のロゴに環境配慮の印象を与える「green」という用語の使用を禁止する変更が加えられたものの，色については依然として緑色よりも青色のロゴを採用する企業が多く存在することが報告されており，用語だけでなく色も考慮する必要がある[19]ことが指摘されている．

　ロゴの色が倫理的判断に影響する理由には，われわれが道路に設置された信号機を日常的に利用していることが一因である可能性が指摘されている．「止まれ」「気をつけろ」「行け」というメッセージを伝える赤色，黄色，緑色の信号にわれわれが慣れ親しんでおり，それらの色に直感的な意味付けがなされていると考えられる[23]からである．環境配慮の度合いを信号の色のグラデーションで示した直感的なエコラベルに対する消費者の反応をオンライン実験で調べた Neumayr and Moosauer [23] は，環境配慮に関する知識や関与が低い消費者ほど直感的な交通信号式エコラベルを好み，高い消費者ほど情報に基づいてじっくり選択する傾向があることから，交通信号式エコラベルは知識や関与の低い消費者が環境に良い選択をするように仕向けるナッジ（nudge）[*9]として作用する可能性を指摘している．

　以上より，グリーンウォッシングではなく実際に持続可能性を伴った財に表示される水産物エコラベルについて，基調色を青色や緑色にすることで，エコラベルに対する消費者の理解を容易にしたり消費者の選択を喚起したりする効果が得られると考えられる．

2. 形の視覚効果

　ロゴの色だけでなく形もまた人間の知覚に影響を与えることが多くの既存研

[*9] ナッジとは，その概念の提唱者である R・セイラーと C・サンスティーンによれば，「選択を禁じることも，経済的なインセンティブを大きく変えることもなく，人びとの行動を予測可能なかたちで変える」[24]ように設計された選択の仕組みであり，「ある介入をナッジの一つとみなすには，その介入を，少ないコストで簡単に避けられなければならない」[24]とされる．ナッジが消費者の意図を汲まず行動を誘導しうる点については批判も存在するが，そうした批判に対してThaler and Sunstein [24] は，ナッジが仕向けようとする行動を取らないという選択肢の余地を消費者に与えることで消費者の選択の自由を守りつつ消費者の暮らしをよりよくする選択に導いていれば問題ないというリバタリアン・パターナリズム（libertarian paternalism）の立場をとっている．

究で明らかにされている．以下では，動態性（dynamism），自然感（naturalness），黄金比（golden ratio）の各視点から，その視覚効果を明らかにした研究を取り上げる．

第1に，動態的な表現をロゴのデザインに採り入れることで，見る人の注目を集め好印象になることが指摘されている．Cian et al.[25] は，動物が歩く様子を彫像で上手く表現している古代エジプトの「ジャッカルの彫刻」や天地創造において神がアダムに命を吹き込もうと手を伸ばして触れようとした瞬間を描いたミケランジェロの「アダムの創造」を例に，静止した彫像や絵画であっても芸術技法を用いて動きのある視覚的効果をもたせることが可能であるとし，そうした動態的な表現をロゴの構図に採り入れることで消費者に好ましい印象を与えることを示した．

第2に，自然感が高いデザインであるほどロゴの解釈が容易になり，認知度の向上につながることが知られている．Machado et al.[26] は，ロゴのデザインが経験的な意味をもつか否かによって具象的なデザインと抽象的なデザインに区分し，さらに具象的なデザインを自然界における存在を描いた有機的なデザイン（花，果物，動物など）と人間の創作に由来する文化的なデザイン（家，十字架，文字など）に細分することで，ロゴの自然感を分類した．そのうえで，各分類に当てはまるロゴのデザインをそれぞれ作成し，消費者がどれを好むかを実験することによって，具象的なロゴのデザインが抽象的なものよりも明確に好まれ，具象的なロゴのデザインの中では有機的なものが文化的なものよりも好まれることを示した．

第3に，黄金比の活用が，人目を惹く魅力的な視覚効果をもつロゴのために有益であることが指摘されている．黄金比とは，直交する線分の比率を1：1.618とすることで理想的な美しさが表現できるという概念であり，レオナルド・ダ・ヴィンチが『ウィトルウィウス的人体図』や『モナリザ』といった芸術作品に用いていた比率である．Pittard et al.[27] は，オーストラリア，シンガポール，南アフリカの3ヶ国で調査を行い，黄金比をもつロゴのデザインがそれらの異文化圏において一貫して好まれる傾向があることを見出した．

以上から，水産物エコラベルがもつシグナルの効果を高めるうえで，動態性，自然感，黄金比といったロゴのデザインの形状的な側面を考慮することが有効

であると考えられる．例えば，魚の絵柄に生きた魚が飛び跳ねる動態的表現を採り入れる，伝えたいメッセージを抽象的なマークではなく文字で明記する，ロゴの外縁や魚の形状に黄金比からなる楕円を用いるといった応用が考えられるだろう．

§5. まとめ

本章では，水産物エコラベル制度においてロゴが果たしうる役割を整理したうえで，水産物エコラベルのロゴに認証の地理的限定性を産地情報として組み込むことで期待される効果，水産物エコラベルのロゴの色や形（動態性，自然感，黄金比）によってもたらされうる視覚的効果について既存研究の知見に基づき考察を行った．

その結果，水産物エコラベルのロゴをデザインする際の具体的なポイントが明らかにされた．ロゴは輸出の際にそのままの形で使用されることが多く，優れたデザインのロゴは異なる言語や文化をもつ外国の消費者への情報伝達において有効な手段とされることから[27]，そうしたポイントは水産物の輸出振興の意味で検討の価値があるとともに，本文で述べた通りエコラベルに経済的インセンティブをもたせ本来の機能を発揮させる意味においても一考に値するといえるのではなかろうか．

ただし，本章のアプローチは，既往研究レビューと考察に基づいている．アンケート調査や経済実験といった定量的なアプローチによって，水産物エコラベルのロゴのデザインにおける各種の要素が消費者に与える影響を明らかにする実証研究が求められる[*10]．

謝　辞

本稿は，令和4年度日本水産学会水産政策委員会シンポジウム「新水産基

[*10] 本稿の草稿に基づいた実証研究を筆者の研究室メンバーである宗士 博氏と筆者がアンケート調査手法を用いて進めている（宗士 博・大石太郎（2023）「消費者アンケート調査による水産エコラベルのロゴの印象に対する実証的評価」『国際漁業学会2023年度大会』報告資料）．ただし，本稿の内容は筆者個人によるものであり，本稿に含まれる誤謬や不備について研究室メンバーが責任を問われることは一切ない．

本計画と水産科学：現場と政策の乖離を埋めるために必要な研究とは」における筆者の報告に加筆しまとめた論考である．本稿執筆にあたり，JSPS 科研費（19K06250, 21H04738），農林水産政策研究所委託研究課題（課題番号：20353867）の支援が有益であった．ここに記して感謝申し上げる．

文　献

1) 内閣府．成長戦略フォローアップ（令和元年 6 月 21 日）．2019; 1–136. https://www.cas.go.jp/jp/seisaku/seicho/pdf/fu2019.pdf（最終アクセス：2023 年 11 月 15 日）

2) 大石太郎．世界のフードシステムとの接続－水産物エコラベルの諸問題－．国際漁業研究 2023; 21 35–37.

3) Kohli C, Suri R, Thakor M. Creating effective logos: Insights from theory and practice. *Bus. Horiz.* 2002; 45（3）: 58–64.

4) Henderson PW, Cote JA. Guidelines for selecting or modifying logos. *J. Mark.* 1998; 62（2）: 14–30.

5) Akerlof GA. The Market for "Lemons": Quality uncertainty and the market mechanism. *Q. J. Econ.* 1970; 84（3）: 488–500.

6) Spence M. Job Market Signaling. *Q. J. Econ.* 1973; 83（3）: 355–374.

7) 大石太郎．「グリーンコンシューマリズムの経済分析－理論と実証－」学文社．2015.

8) Iyengar S. *The Art of Choosing.* 2010.（櫻井裕子「選択の科学」文藝春秋．2010.）

9) Dinh CH, Uehara T, Tsuge T. Green attributes in young consumers' purchase intentions: A cross-country, cross-product comparative study using a discrete choice experiment. *Sustainability* 2021; 13（17）: 1–19.

10) 大石太郎．和食文化における魚介類の重要性の定量化．「水産改革と魚食の未来」（八木信行編）恒星社厚生閣．2020; 163.

11) 大石太郎．水産政策の改革で日本の魚食文化はどう変わるのか．「水産改革と魚食の未来」（八木信行編）恒星社厚生閣．2020; 148–162.

12) Eschevins A, Giboreau A, Julien P, Dacremont C. From expert knowledge and sensory science to a general model of food and beverage pairing with wine and beer. *Int. J. Gastron. Food Sci.* 2019; 17（100144）: 1–10.

13) Alonso AD, Liu Y. The potential for marrying local gastronomy and wine: The case of the "fortunate islands." *Int. J. Hosp. Manag.* 2011; 30（4）: 974–981.

14) Serra M, Antonio N, Henriques C, Afonso CM. Promoting sustainability through regional food and wine pairing. *Sustainability* 2021; 13（13759）: 1–22.

15) Oishi T, Sugino H, Yagi N. French consumers' marginal willingness to pay for the pairing of Japan's fall chum salmon and rice wine (sake). *Fish. Sci.* 2022; 88: 845–856.

16) 大石太郎．同一産地ブランドの相乗効果を通じた水産物の高付加価値化．アグリバイオ．2021; 5（13）: 46–49.

17) Stone NJ, English AJ. Task type, posters, and workspace color on mood, satisfaction, and performance. *J. Environ. Psychol.* 1998; 18（2）: 175–185.

18) De Bock T, Pandelaere M, Van Kenhove P. When colors backfire: The impact of color cues on moral judgment. *J. Consum. Psychol.* 2013; 23（3）: 341–348.

19) Sundar A, Kellaris JJ. Blue-washing the green

halo: How colors color ethical judgments. In Batra R, Seifert C, Brei D（eds）. *The Psychology of Design: Creating Consumer Appeal*. Routledge/Taylor & Francis Group. 2016: 63–74.

20）Kahneman D. *Thinking, Fast and Slow*. 2011.（村井章子訳「ファスト＆スロー －あなたの意思はどのように決まるか？－」早川書房. 2012.）

21）Pearson J. Turning point. Are we doing the right thing? Leadership and prioritisation for public benefit. *J. Corp. Citizensh*. 2010;（37）: 37–40.

22）de Freitas Netto SV, Sobral MFF, Ribeiro ARB, da Luz Soares GR. Concepts and forms of greenwashing: A systematic review. *Environ. Sci. Eur*. 2020; 32（19）: 1–12.

23）Neumayr L, Moosauer C. How to induce sales of sustainable & organic food: The case of a traffic light eco-label in online grocery shopping. *J. Clean. Prod*. 2021; 328（129584）: 1–13.

24）Thaler RH, Sunstein CR. *Nudge: The Final Edition*. 2021.（遠藤真美訳「NUDGE 実践 行動経済学 完全版」日経 BP. 2022）.

25）Cian L, Krishna A, Elder RS. This logo moves me: Dynamic imagery from static images. *J. Mark. Res*. 2014; 51（2）: 184–197.

26）Machado JC, de Carvalho LV, Torres A, Costa P. Brand logo design: Examining consumer response to naturalness. *J. Prod. Brand Manag*. 2015; 24（1）: 78–87.

27）Pittard N, Ewing M, Jevons C. Aesthetic theory and logo design: Examining consumer response to proportion across cultures. *Int. Mark. Rev*. 2007; 24（4）: 457–473.

第9章　沿岸漁業における DX 実装に向けた課題

桑村 勝士[*1]

　漁業法改正により漁績報告が義務化されるなど，水産業におけるデジタルデータの重要性が増しているが，零細多様な沿岸漁業のデジタルトランスフォーメーション（DX）実装には多くの課題がある．実際に沿岸漁業を操業する漁業者の視点から，様々な場面で取得されるデータの性質区分と取得場面ごとの取得および利活用の現状を整理する．また，DX 実装に向けた課題を，①データ取得，②データベース設計，③データ管理，④データ利活用の4段階に分けて整理，考察する．

§1. はじめに

　わが国の 2021 年の漁業，養殖業の生産量は約 421 万 t で，1984 年ピーク時の約 1,282 万 t の約 33％まで減少した．漁業就業者数も 2021 年には 13 万人を割った[1]．水産業をめぐる情勢もめまぐるしく変化している．海水温上昇や漁場変化，コロナ禍による経済低迷，コロナ後の物価高騰などが経営に大きな影響を与えた．国際社会においては，環境や食料にかかる水産業の社会的責任が強く問われるようになった．2020 年の改正漁業法施行，2022 年の水産流通適正化法施行により，より厳格な漁獲と流通の管理が求められるようになった．人口減少社会の到来による人手不足は，地方において実感を伴う差し迫った問題となっている．わが国の水産業がこのような現状を克服するには，デジタル技術を活用した水産業改革が不可欠であることはいうまでもない．水産分野においても「スマート水産業」の推進が叫ばれ，様々な取り組みが進められてい

[*1] 宗像漁業協同組合

る[2,3].

ところで，DXとはなにであろうか．総務省[4]によればDXの定義は「厳密には一致しておらず，使い方も人や場面によってまちまちである」．塩谷・小野﨑[5]は，定義に関する文献を整理している．これまでの定義は，データとデジタル技術の活用により，企業の製品やサービス，ひいては業務，文化，風土を改革し，競争上の優位性を確立するといった企業活動に主眼を置いたものが主流であるが，生活や社会の変革にも視点を広げたものもある．

では，わが国の「スマート水産業」は，DXの定義に合致しているだろうか．これまで，海況予想，電子操業日誌など，スマート技術の実用化は各地で進んでいる[2,3]．しかし，それらの多くは一部の地域や漁業種類に限定されている．先進事例を自然条件，社会条件の異なる他地域，他漁業種類へ簡単には応用できない．また，先進事例であっても，その多くは未だ技術開発の段階であり，経営への貢献度は必ずしも十分ではなく，スマート技術によって漁業経営や地域漁村社会の全体が劇的に変革した，競争優位性を確立した，といえるレベルの事例は，まだまだ少ないものと考えられる．特に，零細で多様な沿岸漁業においては，先進事例の単純なコピーでは業界や地域全体の変革は進まないのではないかと思われる．沿岸漁業におけるDXの定義は，企業の競争上の優位性確保の概念だけではなく，「社会に変化を及ぼす」概念も含めたものであるべきではないだろうか．例えば，スマート技術を用いた漁獲情報の集約により，水産資源評価精度の向上やTAC管理の効率化を進める場合，水産業界や漁業地域社会全体を変革させるレベルを目指すには，小規模に分散する沿岸漁業者の漁獲情報まで悉皆的に集約しなければならない．しかし，それには，スマート化実装への投資が困難な零細経営体や，IT技術に不慣れな高齢者などを取り込まなければならない．

それでは，沿岸漁業におけるDX実装にはどのような課題があるだろうか．そこには，沿岸漁業の零細性や多様性に根ざした様々な課題があると考えられる．そこで，本章では，漁業の現場的視点から，まず，沿岸漁業の様々な場面で得られるデータの性質区分や取得場面ごとに，その取得と利活用の現状を整理し，次に，DX実装に向けた課題を，①データ取得，②データベース設計，③データ管理，④データ利活用の4段階に分けて整理，考察する．

§2. データの性質区分と取得および利活用の現状

　デジタル化の基本は「データ」である．沿岸漁業で取得されるデータにはどんなものがあるだろうか．そこで，沿岸漁業で用いられるデータの分類を試みた．表9-1に，データの性質および取得場面などによる分類を示した．分類にあたっては，その性質に着目して「気象・海況データ」「漁業・漁場データ」「漁獲データ」「漁業関連データ」に分けたうえで，各分類について，取得される場面と取得方法の実例を整理した．

　気象・海況データとは，気温，水温，塩分，流速，風速，天気など，海洋における物理環境に関するデータである．取得場面のほとんどは海上（海中）である．実例としては，自動観測機器や衛星によって漁業操業とは切り離されて取得されるデータ，漁船に設置された観測機器を用いるなどして漁業操業と同時的に取得されるデータ，試験研究機関が船舶や測器を用いることによって臨時的に取得されるデータなどが考えられる．

　漁業・漁場データとは，実際に操業される漁業の性状を定性または定量的に表すデータである．取得場面は海上（海中）である．実例としては，漁具漁法，操業日時，操業位置，漁獲努力量などが考えられる．

　漁獲データとは，漁業によって漁獲された漁獲物の性状を定性または定量的に表すデータである．取得場面は海上または陸上である．実例としては，市場

表 9-1　沿岸漁業におけるデータの性質および取得場面などによる分類

分類項目	取得	実例	
気象・海況データ	海上	測器による自動観測・衛星観測 試験研究者による実測 漁業操業の同時実測	
漁業・漁場データ	海上	漁獲努力量 漁場位置	
漁獲データ	陸上 海上	漁獲量	卸売市場 卸売市場外 漁業者・試験研究者実測
		漁獲物精密測定	
漁業関連データ	陸上 海上	取引情報 漁業操業中の定性的記録	

（卸売および卸売以外）における魚種銘柄，出荷重量，出荷尾数，漁業者または試験研究従事者が試験研究や事業利用を目的に行う精密魚体測定や漁獲日時および場所ごとの漁獲記録などが考えられる．

　漁業関連データとは，先述した3分類のデータ以外で，これらを補完するデータである．取得場面は海上または陸上である．実例としては，漁業操業時におけるフィールドノートへの定性的な記録や，出荷した決済金額，出荷先などの市場情報などが考えられる．

　各分類群について，取得技術開発，電子データ形式または非電子データ形式での取得および利用，他の分類群のデータとの連携など，利活用の現状について考察する．なお，ここでいう「電子データ」「非電子データ」とは，電磁的記録により保存されているか否かを指すものであり，例えば，デジタル数値として利用可能なものでも，取得時の記録が手書きであるなど電磁的記録への変換作業が必要なものは「非電子データ」とした．

　気象・海況データについては，衛星の活用や自動観測機器の発達により，データ取得と利活用が先行していると考えられる．漁業・漁場データについては，操業日時，時刻，漁場位置についてはGPS機能の活用による自動測定技術が進んでいるものの，漁獲努力量などについては電子的なデータとして直接取得可能な事例は少ないと考えられる．漁獲データおよび漁業関連データについては，卸売市場の出荷データは，従前より統計や資源評価のデータソースとして利活用されているが，電子データと非電子データが混在している，データフォーマットが統一されていないなどの課題が残されている．卸売市場外の流通では，データそのものが記録されていない場合もある．また，試験研究機関の精密測定データなどは，データに対する取得者の利活用優先権や事業利用上の秘匿性の面から，非公開（クローズド）になっている場合もある．

　以上，一部のデータでは，取得技術開発や利活用が先行しているものの，電子データと非電子データが混在している，データがクローズドで他データとの連携が困難であるなど，電子データの取得および利活用は未だ限定的であると考えられる．

§3. データ取得段階における課題

ここでは，データ取得段階における DX 実装に向けた課題について検討する．

1. 船上におけるデータ取得

漁業・漁場データは，実際の漁業操業と同時的に取得される．このことから，船上における漁労作業中のデータ取得の作業性が問題となる．そこで，筆者が現に営んでいる 1 人乗り小型漁船における漁労作業のデータ取得作業性について検討する．図 9-1 に出港から帰港までの作業工程フローを示す．

筆者は，乗組員を雇用しない個人事業者であることから，操船や漁労その他すべての作業を 1 人で行わなければならない．特に漁労開始から終了までは，操船，漁具の投入回収，漁獲物処理などの一連の漁労作業を同時に行う．漁獲の多寡は潮流などの条件によって大きく異なる．いわゆる「潮どき」の良い時間帯の「手際」が水揚げ金額を左右するため，漁労作業は時間ロスを極力避けるために迅速かつ切れ目なく遂行される．荒天時には作業性も低下する．ゆえに漁労作業にデータ取得作業を組み込む余地はほとんどない．

これまで開発された船上におけるデータ取得技術は，気象・海況データおよび漁業・漁場データのうち操業日時・時刻については，機器によって自動測定する事例が多い一方，漁業・漁場データのうち漁獲努力量や漁獲データについては，漁業者の手入力による事例が多く，漁業種類も，複数人が乗船し，漁労

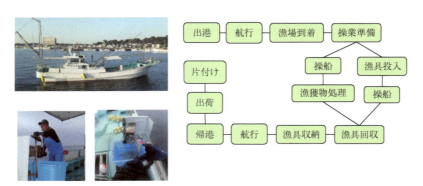

図 9-1　小型 1 人乗り漁船における出港から帰港までの作業工程フロー

長が直接漁労作業に従事しない場合が多い[2,3]．先進事例の条件下では手入力によるデータ取得が可能であっても，漁労長が漁労作業と操船を兼任する業態では単純に応用できない．漁業者の習熟によってある程度は実装可能であるとしても，漁労作業効率低下に見合うインセンティブがなければ業界全体への普及は困難であろう．したがって，1人乗り小型漁船における船上でのデータ取得は，できる限り漁労作業者の手入力（データ取得作業）を行わない方向で設計すべきであると考えられる．

2. 出荷・流通におけるデータ取得

漁獲データは，海上（船上）で漁獲と同時に測定される場合と，帰港後に陸上で出荷荷捌き作業中に測定される場合が考えられるが，前項で述べたように船上におけるデータ取得作業を漁労作業に組み込むのが困難である．そこで，ここでは，出荷段階における漁獲データ取得の課題について検討する．図9-2に，沿岸漁業における多様な出荷・流通形態と物流フローを示す．

まず，漁業者は，漁業操業終了後に，その操業単位の漁獲物について，選別・梱包その他の作業を介したうえで出荷単位を意思決定する．次に，その出荷単位を，卸売市場流通，卸売市場以外の流通，自家消費にそれぞれ振り分ける．卸売市場出荷では，商品は，荷受業者，仲卸業者，小売業者を経て消費者へと流通する．卸売市場以外の出荷では，買付業者（仲買，問屋）を介して流

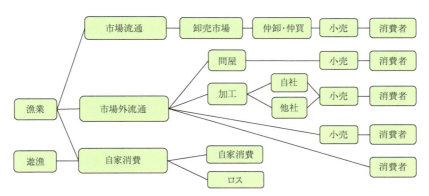

図9-2　沿岸漁業における多様な出荷・流通形態と物流フロー

通される場合や，加工向けとして流通される場合，生産者が直接小売業者や消費者へ販売する場合など，多様である．なお，水産動植物採捕という視点で厳格にみれば，遊漁による採捕，漁業による自家消費や投棄，流通段階における廃棄も，広義にはデータを取得すべき出荷・流通形態に含まれうる．

ここで示したフローにおいて留意すべきは，出荷・流通業務にデータ取得作業を組み込むときの作業性の問題と，複雑で多様な出荷・流通形態のなかで，どの場面でいかに標準化されたデータを取得するかという問題の2点である．

前者については，例えば，漁港における荷捌きや卸売市場では，短時間に大量の漁獲物を処理しなければならず，その作業にデータ取得作業を組み込むことは難しい．筆者は，出荷する漁獲物の箱に当該漁獲物のデータにリンクするQRコードシールを貼り付けるトレーサビリティ実証試験に取り組んだことがあるが，その際に実装のネックとなったのは，QRコードシールの印刷速度の遅さであった．

後者については，例えば，卸売市場では，出荷日時，出荷者，銘柄，出荷個数，決済金額の各データは，本来の市場機能に鑑み，必須で記録される．しかし，重量や尾数などのデータは，必ずしもすべてが測定されているわけではない．では，その欠損データを荷捌き段階で測定する場合，荷捌き段階データと卸売市場段階データを分散測定することになり，測定工数と両者を紐付ける工数が増えてしまう．また，荷捌き業務は各漁港で多様であり，その測定方法の標準化は困難であるとともに，測定結果の信頼性を確保するための第三者認証をどうするかなどの課題もある．さらに，卸売市場外流通の出荷については，卸売市場で記録されるデータも重複して測定されなければならない．そうなると，卸売市場出荷流通と卸売市場外出荷流通の各取得データ項目が異なることから，2系統のデータ取得工程を設計しなければならない．電子データの利活用においては，データベースのカラム（属性・項目列）とレコード（記録・個々のデータ）の形式が標準化されたテーブルにデータを落とし込むことが望ましいが，多様な出荷・流通段階のどこで，どのようなデータを標準化して取得することができるのか，以上のような問題に留意しながら設計されるべきである．

3. 卸売市場におけるデータ取得

　もうひとつ考慮すべきは，卸売市場におけるデータ取得の問題である．先述したように，電子データの利活用においては，標準化されたデータベーステーブルにデータを落とし込むことが望ましい．（一社）漁業情報サービスセンター（JAFIC）の「漁獲情報デジタル化推進全体計画」[6]においても，「市場の販売システム，都道府県で一元管理するシステム，操業情報アプリのシステムのそれぞれから漁獲報告システムへデータ送信する場合の共通した仕様」として，基本18項目の標準化データ項目が示されている．この標準化データベーステーブルに卸売市場の販売データを落とし込む場合の問題点について考えてみる．

　図9-3は，JAFICが示した標準化データ項目と，ある卸売市場における販売データ項目との対応を示したものである[*2]．一般論としてみれば，相互のデータ項目で1対1の関係にあるものは，卸売市場データの項目列をそのままJAFICのデー

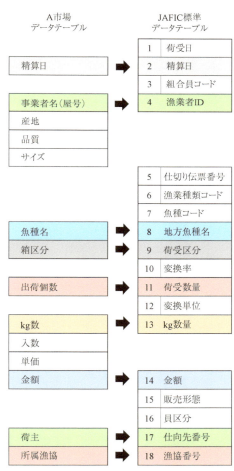

図9-3　JAFIC標準化データ項目（右）と，卸売市場における販売データ項目（左）との対応

[*2] ここでいう「ある卸売市場における販売データ項目」とは，特定の卸売会社のものではなく，筆者が実務において体験した実例を総合したモデル的事例を示したものである．

タ項目列へ移行させることでデータの取込が完了する。しかし、実際のデータ取込は単純ではない。図9-4は、卸売市場の販売データの実際の入力状況と、これをJAFICのデータ項目に移行するために必要なデータクレンジング（データの誤記、不整合、未入力・重複などを修正する作業）について示したものである。卸売市場販売データでは、魚種や品質などによって、本来同じデータ項目列に統一的に入力されるべき重量や入り数などのデータが異なるデータ項目にバラバラに入力されている。例えば、A市場販売データテーブルの魚類Aは2.5 kgと3.5 kgの活魚がそれぞれ1尾出荷されていることを示しているが、

A市場販売データテーブル

品質	サイズ	魚種名	箱区分	kg数	入数	入数単位	個数	単価	金額
活		魚類A	キロ		1	入	2.5	2,000	5,000
活		魚類A	キロ		2	入	3.5	3,000	10,500
		魚類B		5	1	入	1	500	2,500
		魚類C					1	5,000	5,000
		魚類C					2	3,000	6,000
		魚類C					5	1,500	7,500
		イカ類			2	段	1	7,000	7,000
		イカ類			2.5	段	3	6,500	19,500
		イカ類			3	段	2	6,000	12,000
		イカ類			3	段	8	5,500	44,000
		イカ類			3.5	段	7	5,000	35,000

JAFIC標準データテーブル

漁業種類	地方魚種名	荷受区分	変換率	荷受重量	変換単位	kg数量	金額
漁業種ア	魚類A	kg	1	3.4	kg	3.4	6,800
漁業種ア	魚類A	kg	1	2.8	kg	2.8	5,400
漁業種イ	魚類B	kg	1	5	kg	5	4,000
漁業種イ	魚類C	箱	4	1	箱	4	5,000
漁業種イ	魚類C	箱	4	2	箱	8	6,000
漁業種イ	魚類C	箱	4	5	箱	4	7,500
漁業種ウ	イカ類	箱	4	1	箱	2	7,000
漁業種ウ	イカ類	箱	4	3	箱	12	19,500
漁業種ウ	イカ類	箱	4	2	箱	8	12,000
漁業種ウ	イカ類	箱	4	8	箱	32	46,400
漁業種ウ	イカ類	箱	4	7	箱	28	38,500

担当者手入力

図9-4　卸売市場販売データの入力状況およびこれをJAFIC標準化データ項目に移行するために必要なデータクレンジング

項目列「kg数」に入力されるべき実測された重量値が項目列「個数」に，尾数が項目列「入数」に入力されている．一方で，魚類Bでは，実測された重量値は項目列「kg数」に，項目列「個数」には出荷箱数の値がそれぞれ入力されている．この場合，出荷尾数は不明である．また，魚類Cでは，重量に関するデータが欠損しており，出荷箱数の値が項目列「個数」に入力されている．さらに，イカ類では，サイズを示す規格（段数）[*3]の値が項目列「入数」に，出荷箱数の値が項目列「個数」にそれぞれ入力されている．このようなばらつきをJAFICのデータ項目へ移行するためのデータクレンジングは担当者の手作業に頼っているのが現状である．また，卸売市場販売データにはない漁業種類の項目列などは，漁協の担当者が，出荷者の営んでいる漁業を，日常の操業状況や漁獲物組成から類推して手入力している．このようなデータ入力のばらつきは，卸売市場や会社ごとに固有のパターンがあるものと考えられる．もとより，販売データ管理システムを開発した時点では，これを標準化し，統合することは想定されていなかったことであり，ばらつきはやむを得ない面はあるが，もとのシステムをベースにして手作業に頼らずデータを標準化するには，変換プログラムを都度組み込む必要があり，その分システムが重たくなり，バグも発生しやすくなると考えられる．このような問題を解決するには，国の主導により，卸売市場他販売事業者が用いるシステムの改修や入れ換えも念頭に置いた推奨標準化データベーステーブルを速やかに示す必要があると考えられる．

§4. データベース設計段階における課題

　データベース設計にあたっては，データベーステーブルにどのようなデータ項目を設けるかが課題となる．ここで考えなければならないのは，どんな目的でデータを取得するのか，その目的に必要なデータの精度，粒度はどうあるべきか，という2点である．無目的なデータ収集は，いたずらにデータ容量を増やし，コストの無駄でしかない．データ取得段階では様々な制約もあること

[*3] イカ類のサイズ規格は，「イカ箱」と称されるイカ専用の発泡スチロール魚函の長辺方向縦向きに何列イカを並べるかを指標としている．2列を2段，2列に並べて隙間ができた場合にイカを横向きに並べて埋める場合を2段半（2.5段），以下，サイズが小さくなるに従い，3段，3段半（3.5段），4段となる．

106

から，目的を明確にし，効率のよいデータベースを設計する必要がある．

1. データ取得の目的

データ利用目的は様々であるが，ここでは，漁業法，水産物流通適正化法およびそれ以外の事業利用の場合について考えてみる．

漁業法において，データ取得要請のある条文は，第9条（資源調査及び資源評価）および第10条（都道府県知事の要請等），第26条（漁獲量等の報告）および第30条（漁獲量等の報告），第52条（資源管理の状況等の報告等）および第90条（資源管理の状況等の報告）である．第9条および第10条は，水産資源評価のための調査としてデータ取得が求められる．第26条および第30条は，TAC管理のために対象となる魚種の漁獲報告としてデータ取得が求められる．第26条は漁獲割当（IQ）が行われた場合，第30条は漁獲割当によらず漁獲量などの総量の管理が行われる場合である．第52条および第90条は，漁業の許可や漁業権の免許を受けた漁業の管理に必要な報告としてデータ取得が求められる．第52条が許可漁業，第90条が漁業権漁業を対象としている．

水産物流通適正化法において要請がある条文は，第6条（取引の記録の作成及び保存）である．第6条では，同法の目的である，違法に採捕された水産動植物の流通を防止するために必要なデータ取得が要請されている．

これら法律の要請に基づくものの他，出荷された漁獲物の決済や，操業日誌などの記録に基づく漁業操業の意思決定など，事業利用を目的としたデータ取得が考えられる．

2. 各目的に必要なデータ項目およびその精度・粒度

各目的にそれぞれ必要なデータ項目とその精度・粒度について表9-2に整理した．表9-2では，必須となるデータ項目を「必須」，サンプル抽出などによる一部測定や欠損しても実務上大きな支障はないものの取得できることが望ましい項目を「任意」，必要ない項目を「不要」とした．

資源評価の目的（漁業法第9・10条）で求められるのは，水産動植物の水産資源評価計算に必要な資源生物学的なデータ項目であり，だれが，どこで，いつ，どのように，なにを，どのくらい（獲れたか・居たか）である．「だれ

第 9 章　沿岸漁業における DX 実装に向けた課題　*107*

表 9-2　データ取得目的にそれぞれ必要なデータ項目とその精度・粒度

データ項目		目的別必要度				
		資源評価 （9・10条）	TAC管理 （26・30条）	漁業管理 （52・90条）	流適法 （6条）	事業利用
	ID	必須	必須	必須	必須	必須
位置	操業海域	必須	必須	必須	不要	必須
	詳細操業位置	不要	不要	必須※1	不要	任意
時間	操業年月日	必須	必須	必須	必須※2	任意
	操業単位ごと開始終了時刻	不要	不要	必須※1	不要	任意
漁獲 努力	漁業種類	必須	必須	必須	不要	任意
	漁具漁法	任意	不要	必須※1	不要	任意
	漁具数量	任意	不要	必須※1	不要	任意
	操業単位ごと操業時間	任意	不要	必須※1	不要	任意
漁獲	操業単位ごと漁獲量	任意	不要	任意	不要	任意
	魚種	必須	必須	必須	必須	必須
	漁獲重量	必須	必須	必須	不要	必須
	漁獲尾数	任意	不要	不要	不要	任意
	魚体サイズ（銘柄）	任意	不要	不要	不要	任意
取引	水揚げ金額	不要※3	不要※3	不要※3	不要	必須
	取引数量	不要	不要	不要	必須	必須
	取引先	不要	不要	不要	必須	必須

※1　許認可の内容によっては，報告が求められない場合もある.
※2　流適法で求められるのは，販売等した年月日である.
※3　直接漁獲量を測定したデータがない場合，漁獲量を推定する補完データとして重要である.

が」については，データの信頼性を確保する意味で ID は必須であるが，科学的な意味での必要性はない．「どこで」にかかるデータ項目では，資源評価の目的に沿った時空間スケールに鑑みれば，操業海域は少なくとも水揚げ港レベルの粒度で必須であり，対象とする海域も対象種の系群全体をカバーすべきであるが，毎回の操業位置などの詳細位置は，粒度が低くても資源評価の実務上の影響は少ない．「いつ」では，操業年月日は必須であり，時空間スケールも原則として関係する全漁業種類をカバーすべきであるが，毎回の操業時間など詳細位置の重要度は低い．「どのように」では，漁業種類は必須である一方，漁具漁法，漁具数量，単位操業あたりの操業時間などの詳細はなくても分析は可能である．なお，「どこで」「いつ」「どのように」に関する詳細情報は，漁獲努力量の標準化など，資源評価の精度をさらに高めるためには必要なデータ

項目となってくる.「なにを」では，対象となる魚種は不可欠であるが，それ以外の魚種は不要である．ただし，資源評価対象種を将来的に拡充するためには，可能な限り多くの魚種をデータ項目として追加することが望ましい.「どのくらい」では，漁獲量については，系群をカバーするレベルで広域的に取得すべきであるが，年齢別漁獲尾数を推定することを念頭に置けば，漁獲量，漁獲尾数，漁獲サイズの3データ項目のうち2つが揃えば，算術的に残りの1つを推定することも可能である．また，漁獲量のみが把握されている場合でも，漁獲尾数と漁獲サイズの情報が一定割合揃っていれば，引き延ばし計算によって全体の年齢別漁獲尾数を推定することが可能である．なお，資源評価を目的とするデータは，可能限り悉皆的かつ細かい粒度で取得することが望ましいことは当然であるものの，データ欠損や低い粒度のデータが一定レベルあっても，計算の実務上，精度が低いなりの分析が可能である．

　TAC管理の目的（漁業法第26・30条）で求められるのは，定められたTACの管理区分への割当調整や管理期間内の割当量消化にかかる実態把握，運用に必要なデータ項目であり，だれが，どこで，いつ，どのように，なにを，どのくらい，である．これらのデータ項目は，管理区分または経営体ごとにTACを割り当てるという性質上，資源評価を目的とする場合に比べ，公正性確保のうえでも，より厳格で悉皆的な取得が必須となる．一方で，資源評価目的では，評価精度を高めるために，例えば，漁獲尾数，漁獲サイズのような，より詳細なデータ項目があることが望ましいが，TAC管理目的では，漁獲量のみが必要となる．

　漁業管理の目的（漁業法第52・90条）で求められるのは，漁業許可や漁業権免許の対象となる漁業の実態把握に必要なデータ項目であり，必要な項目はTAC管理と同様であるが，データを取得する範囲は対象漁業のみに限定される．また，違法操業防止などの目的も加味されることから，「いつ」「どこで」のデータ項目では，操業時間や操業位置の詳細情報が必須となる．

　水産物流通管理の目的（流適法第6条）で求められるのは，国内に流通する水産物の管理を厳格化することで，違法な水産物の流通を排除するなど，水産物流通の適正化を図るために必要なデータ項目であり，だれが，いつ，なにを，どのくらい，だれに，である.「なにを」については，法律で定められた

魚種に限られる．また，資源評価，TAC 管理，漁業管理と異なり，漁獲に関する位置や方法の情報は求められない．また，「どのくらい」についても漁獲と紐付けることは求められていない一方で，取引先情報が必須となっている．なお，求められている各項目のデータは，もれなく取得する必要がある．

事業利用の目的で求められるのは，漁場予測などの海上における漁業操業への利用や，流通販売における水産物の高付加価値向上などのための利用に，それぞれ必要なデータ項目である．各データ項目の細分化や粒度は目的によって様々である．一般的には，前者の場合に必要なデータ項目は，だれが，どこで，いつ，どのように，なにを，どのくらい，であるが，短期的な漁海況の分析を目的としていることから，各データ項目は，できるだけ細分化され，細かい粒度であることが望ましい．後者では，「いつ」は出荷の時間スケールに対応していればよい．「どこで」「どのように」の重要性は低いが，出荷された水産物の品質に関わる場合は補完的に必要となる．「なにを」「どのくらい」は必須であるとともに，銘柄や箱への入り数などの詳細が必要になってくる．また，決済金額と出荷先の情報の取引情報も必須となる．なお，取引情報である水揚げ金額については，資源評価，TAC 管理および漁業管理の目的では直接的には必須ではないものの，漁獲量を推計するための補助データとしては重要な項目となる．

以上のように，必要とされるデータ項目およびその精度・粒度は目的によって異なる．先述のように，沿岸漁業においてはデータ取得の技術的な制約が大きいことから，できるだけ省力化された方法で，必要最小限の情報を取得しなければならない．目的とデータの精度・粒度の関係への理解が不足すれば，不必要なデータ入力工程を付加してしまうことになり，実装の障壁となる．データベース設計にあたっては，このような課題に留意すべきである．

§5. データ管理段階における課題

データ管理段階では，データの取扱いにかかる法的または技術的な課題が考えられる．

1. データ管理の法的課題

取得され，データベース上に置かれたデータは利活用に供される．その場合，

なんら制限なく不特定多数の者に公開と利活用を許諾してよいのだろうか．水産分野におけるデータ利活用は，わが国の水産改革の議論と平行して検討されてきた[*4]．水産庁が公表する「水産政策の改革について」[*5]においても，「資源調査・評価のため漁獲情報等の収集」として，具体的な収集拡大の考え方が示されている．しかし，漁業法に基づき収集されたデータであっても，同法の目的以外の二次利用や，第三者への公開と利活用が無制限，無秩序でよいのか疑問が残る．また，漁業法以外にもデータの取扱いに関する法律がある．2022 年 3 月に水産庁より公表された「水産分野におけるデータ利活用ガイドライン」[7]では，データの利活用のルール策定において，データの法律上の位置づけを理解することの重要性に触れるとともに，不正競争防止法や著作権法などの法律でその権利性が保護されることについて言及している．しかし，それらの法律で具体的にどのような要件を備えたデータが保護されるのか，詳細の解釈には踏み込んでいない．現時点では関係者へのガイドラインの普及も十分に進んでいないと思われる．データ管理にかかる法的課題への無理解が，データ提供者の信頼を損ね，ひいてはデータ収集への非協力につながることが懸念される．

　そのような課題意識をもって，データ取扱いの法的な側面について検討する．データは物理的な実態がない無体物であり，民法上，有体物を前提としている所有権や占有権の概念に基づいてデータについての権利の有無を定めることができないとされる[7, 8]．その性質を前提として，ここでは，①不正競争防止法，②著作権法，③個人情報保護法，④行政機関情報公開法における取扱いに関して，それぞれ検討すべきと考えられる条項について整理する．

　不正競争防止法では，同法に規定される「営業秘密」（第 2 条第 1 項第 4 号〜第 10 号）および「限定提供データ」（第 2 条第 1 項第 11 号〜第 16 号）への該当性[8, 9]について検討が必要であると考えられる．「営業秘密」の要件と

[*4] 水産庁．水産業の明日を拓くスマート水産業研究会 第 3 回（令和元年 12 月 16 日）会議資料 5.
水産新技術の現場実装推進プログラム．水産庁 HP https://www.jfa.maff.go.jp/j/sigen/study/attach/pdf/smartkenkyu-15.pdf（最終閲覧 2023 年 6 月 30 日）
[*5] 水産庁．水産政策の改革について．令和 5 年 4 月．水産庁 HP https://www.jfa.maff.go.jp/j/kikaku/kaikaku/attach/pdf/suisankaikaku-28.pdf（最終閲覧 2023 年 6 月 30 日）

しては，同法第2条第6項で，秘密として管理されていること，有用な情報であること，公然と知られていないことが挙げられる[8,9]．「限定提供データ」の要件としては，業として特定の者に提供する情報であること，電磁的方法により管理されていること，電磁的方法により相当量蓄積されていること，技術上または営業上の情報であることが挙げられる[8,9]．

著作権法では，同法に規定される「編集著作物」（第12条第1項）および「データベースの著作物」（第12条の2第1項）への該当性について検討が必要であると考えられる[8,10]．「編集著作物」の要件としては，素材の集合物であること，編集物であること，選択・配列の創作性を有することが挙げられる[8,10]．「データベースの著作物」の要件としては，情報の集合物であること，それらを電子計算機で検索できるよう体系的に構成したものであること，その情報の選択または体系的構成によって創作性を有するものであることが挙げられる[8,10]．

個人情報保護法では，同法に規定される「個人情報」（第2条第1項）および「個人識別符号」への該当性について検討が必要であると考えられる[8,11]．「個人情報」および「個人識別符号」の要件としては，特定の個人を識別できるか否かの「識別性」と，他の情報と容易に照合して識別できるか否かの「容易照合性」が挙げられる[8,11]．また，「仮名加工情報」（第2条第5項），「匿名加工情報」（第2条第6項）および「個人情報データベース等」（第16条第1項）への該当性についても検討が必要であろう[8,11]．

行政機関情報公開法では，行政庁がデータを保有する場合において，同法に規定する「不開示情報」（第5条各号）への該当性について検討が必要であると考えられる[12]．具体的には，個人に関する情報（第1号），行政機関非識別加工情報等（第1号の2），法人等に関する情報（第2号），国の安全等に関する情報（第3号），審議，検討または協議に関する情報（第5号），事務または事業に関する情報（第6号）が挙げられる[12]．

なお，先述の水産庁ガイドライン[7]では，「漁場や養殖に係るデータが流出することにより，良好な漁場に関する情報や養殖技術に関する情報がオープンになってしまう」「操業時間や漁場位置や使用漁具等，漁業を行ううえでの情報については（中略）営業秘密としての保護が必要となる」「漁獲に係る情報

（例えば操業地点や操業時間）は事業主個人に結び付けた経済的なノウハウに関わるものも多い」「個人事業主のデータは事業に供するデータとして（中略）営業秘密等の形で保護されることが多い」「従来のクローズドなデータ（下線部筆者追記）利用関係において保護されていた当事者間の利益や信頼が，オープンな利用により損なわれるおそれがあれば，データの提供自体が滞ることも懸念」など，水産分野における具体的な問題を例示的に示したうえで，「原則としてデータ提供に際しては，契約を締結して，データ提供者の利益を保護することが重要」とし，モデル契約書案を示している．また，水産庁の令和4年度スマート水産業の推進に係る検討会では，漁業者他の実務者への普及促進を念頭に置いたガイドラインの概要版[6] が検討されている．今後，これらガイドラインの活用と併せて，データ管理の法的課題にかかる具体的な検討が進むことを期待したい．

2. データ管理の技術的課題

次に，技術的な課題について考えてみる．技術的な課題には，データの信頼性の問題と電子データの管理の問題とがある．前者の具体例としては，データ取得時の虚偽情報や誤情報の入力を防ぐこと，そのための第三者認証をどう与えるかといったことが考えられる．例えば，漁業者が漁獲物の荷捌きを完了して出荷単位を決定した瞬間は，出荷先が卸売市場や卸売市場外などにいかに多岐にわたっても，あらゆる漁獲物は一元的に通過する関門であることから，ここで一元的に漁獲量データを取得することはデータ収集システムの設計上は非常にシンプルで効率的である．しかし，入力作業は漁業者が自ら行うことになるので，その認証をどう与えるかが課題となる．後者の具体例としては，電子データの耐改ざん性の確保，二次利用を含む利用権限を付与するルール策定および運用，不正アクセスの監視および防止対策，災害やシステムトラブルへの対策などが考えられる．このような課題に取り組むために，データベースの管理者を誰にするのか，その組織体制を含めて明確にする必要があるだろう．

---

[6] 水産庁．水産分野におけるデータ利活用のための環境整備に係る有識者協議会．令和4年度第3回（令和4年12月26日）会議資料3-1 水産分野におけるデータ利活用ガイドライン．水産庁HP https://www.jfa.maff.go.jp/j/sigen/study/attach/pdf/smartkenkyu-65.pdf（最終閲覧 2023年6月30日）

第9章 沿岸漁業における DX 実装に向けた課題　*113*

§6. データ利活用段階における課題

データ利活用段階における課題として，どのような利活用があるか簡潔に整理する．

データ利活用には，①漁業操業効率化，②事業コスト低減，③水産資源管理高度化，④水産物付加価値向上が考えられる．

具体例として，漁業操業効率化では，操業日誌記録の電子入力や気象・海況データとの紐付けによって構築したデータベースを活用して，条件による漁場や操業方法を選択するなどが考えられる．事業コスト低減では，海上における操業データや市場における取引データを紐付けて一元化することによって，漁協において仕切り書発行や漁獲報告の事務を省力化するなどが考えられる．水産資源管理高度化では，海上における漁獲努力量や漁場位置のデータと漁獲量データを紐付けることによって，水産資源評価の精度を向上させるなどが考えられる．水産物付加価値向上では，出荷される漁獲物に，品質にかかる情報や操業状況などのストーリー性のある情報を付加することにより，消費者に対して商品の差別化を図ることなどが考えられる．

§7. おわりに－水産業におけるDXの視点と目標

以上，沿岸漁業における DX 実装の課題について整理，考察してきたが，本章では，課題の列挙にとどまり，残念ながら解決策の提示には及んでいない．今後，具体的な解決策の検討にあたっては，漁業者，流通・小売事業者，消費者といった現場感覚を有する直接的な関係者，行政機関や法務関連の実務者，試験研究機関や学校などの学識経験者，IT ベンダーなどの各分野の知識・知恵の統合が不可欠であろう．

検討において重要な視点は2つある．1つは，徹底した現場観察と現場からの発想である．実際に現場に立つ者の視点で想像し，あるいは自らが現場に立って体験しつつ，くり返し観察することが，課題のパターンや特徴の気づきにつながる．その気づきをデジタルプロセスにどう落とし込むかが肝要である．すなわち，現場の感覚的な文脈をデジタル言語に翻訳するという思考である．もう1つは，各専門分野の文化感覚を横断的に理解することである．専門家は，いずれもその道のプロとしての気概と固有の職業的文化を有している．そのこ

とは極めて大切である一方，副作用として，自らの文化感覚で他分野を読み解こうとしてしまいがちである．自らが身を置く文化感覚に照らし合わせて「こうなるはず」「こうすべきである」と無意識に考えた設計が，実装の障壁となることに十分注意を払うべきだろう．

令和3年漁業構造動態調査報告書[13]によれば，2021年のわが国の経営組織別経営体数は，全64,900経営体のうち，沿岸漁業層が60,530，その他の経営層が4,370であった．沿岸漁業者はわが国水産業の主要な構成員である．それを取り込まずして水産業の持続的発展はあり得ない．DX実装は，零細で多様な沿岸漁業者を誰ひとり取り残すことのない形で進めなければならない．「水産業の成長産業化」とは，沿岸漁業全体を底上げし，水産業界全体の変革にまでにつなげることでもあり，沿岸漁業DX実装の目標はそこにある．

本章は，デジタル技術や法律の専門知識に乏しい筆者が，不十分な知識を漁業実務経験につなぎ合わせて考察したものである．専門外の考察や解釈には問題点も多々あると思われるが，誤りの指摘や考察への反論をいただくことで，DX実装にかかる議論の促進に寄与できれば幸いである．

文　献

1) 水産庁．水産白書（令和3年度水産の動向 令和4年度水産施策）．農林統計協会．2022.

2) 和田雅昭．「スマート水産業入門」緑書房．2022.

3) 三輪泰史．「図解よくわかるスマート水産業」日刊工業新聞社．2022.

4) 総務省．令和3年度情報通信白書．日経印刷．2021.

5) 塩谷幸太，小野﨑彩子．日本における情報サービス業の変遷と今後の展望：時系列整理とDXへの取り組みを中心に．*InfoCom Economic Study Discussion Paper Series* 2021; 17: 1–24.

6) 漁獲情報デジタル化推進全体計画．令和3年4月．令和5年3月改訂．漁業情報サービスセンター．2023.

7) 水産分野におけるデータ利活用ガイドライン 第1版．令和4年3月．水産庁．2022.

8) 福岡真之介，松村英寿．「データの法律と契約（第2版）」商事法務．2021.

9) 経済産業省知的財産政策室．「逐条解説・不正競争防止法（第2版）」商事法務．2019.

10) 岡村久道．「著作権法第5版」民事法研究会．2021.

11) 岡村久道．「個人情報保護法第4版」商事法務．2022.

12) 宇賀克也．「新・情報公開法の逐条解説（第8版）」有斐閣．2020.

13) 令和3年漁業構造動態調査報告書．農林水産省．2022.

第３部　地域を支える漁村の活性化

第 10 章　漁業関係者による浜プランの改善の仕組み「浜の道具箱」

竹村 紫苑[*1]

　日本の漁業管理は，歴史的に関係者が密接に連携して実施され，現在では，浜プランの中で改善に取り組む優良事例が各地でみられる．しかし，沿岸地域が抱える漁業の課題と改善策は津々浦々であり，地域の漁業関係者は，本当に必要な改善策を自分たちで検討することが求められている．水産研究・教育機構（以下，水産機構）は，関係者が地域の漁業活動を自己評価し，主体的な対話と相互学習を通じて改善策を検討するための仕組みである「浜の道具箱」（以下，道具箱）を開発してきた．本章では，漁業関係者による浜プランの改善活動などに道具箱を適用し，改善の過程を分析することによって明らかとなった道具箱の効果について概説する．

§1.　はじめに

1.　沿岸漁業の共同管理を支える政策

　日本の沿岸漁業管理[*2]は，歴史的に「共同管理」に基づいて行われてきた[1,2]．共同管理とは，政府と資源の利用者（漁業者）が水産資源の管理と利用について責任を分担する管理体制と定義される[*3]．共同管理は，漁民数が多

[*1] 国立研究開発法人水産研究・教育機構 水産資源研究所
[*2] 本章では，漁場における資源管理・漁業管理，港と陸上における加工流通，そして，地域の漁村活性化の取り組みまでを含めて「沿岸漁業管理」と呼ぶ．
[*3] FAO による共同管理（fisheries co-management）の定義（http://www.fao.org/faoterm/en/ 2024 年 5 月 1 日）．

く，その密度も高い場合において，管理執行の権限と責任を政府と漁業者が分担することで，管理および執行に係るコストを抑える効率的な解決策だと考えられている[3,4]．そのため，様々な漁具・漁法を用いて多様な魚種を漁獲し，小規模漁業を営む多くの零細漁業者によって構成される日本の沿岸漁業管理を高度化するためには，共同管理を強化する政策および研究が重要になるであろう．

　日本では沿岸漁業の共同管理を高度化するため，行政機関による法的措置と漁業者による自主管理を連携させる政策が進められてきた．2011年には，国・都道府県の指針に基づいて関係漁業者が資源管理計画を作成し，実施する新たな資源管理体制が導入された[*4]．さらに，2014年には，地域内外の関係者との連携による生産性向上と漁村活性化の実現に向けて，漁業関係者が地域の漁業を改善するための計画として浜の活力再生プラン（以下，浜プラン）を作成・実施し，国が浜プランの目標達成に取り組む現場の関係者を支援する制度が導入された[*5]．

　2018年12月には，「漁業法の一部を改正する等の法律」が交付された．それに伴い，2020年12月に公表された新たな資源管理に向けたロードマップでは，現行の資源管理計画は改正漁業法に基づく資源管理協定へと移行され，漁業者が資源管理を着実に実施し，科学的な効果検証に基づいて取り組み内容を改善していくことを掲げている[*6]．さらに，2023年3月に閣議決定された第5次水産基本計画では，資源管理協定は第1の柱「海洋環境の変化も踏まえた水産資源管理の着実な実施」，そして，浜プランは第3の柱「地域を支える漁村の活性化の推進」を支える重要政策の一つとして位置づけられている[*7]．このように，新たな水産基本計画においても，漁業関係者は「将来自分たちのあ

[*4] 水産庁．「資源管理指針・資源管理計画」（https://www.jfa.maff.go.jp/j/suisin/s_keikaku2/s_keikaku2.html 2024年5月1日）

[*5] 水産庁．「浜の活力を取り戻そう」（https://www.jfa.maff.go.jp/j/bousai/hamaplan.html 2024年5月1日）

[*6] 水産庁．「新たな資源管理の推進に向けたロードマップ」（https://warp.ndl.go.jp/info:ndljp/pid/12985026/www.jfa.maff.go.jp/j/press/kanri/attach/pdf/200930-1.pdf 2024年5月1日）

[*7] 水産庁．「新たな水産基本計画」（https://www.jfa.maff.go.jp/j/policy/kihon_keikaku/index.html 2024年5月1日）

第 10 章　漁業関係者による浜プランの改善の仕組み「浜の道具箱」　*117*

るべき姿」を実現するための資源管理協定と浜プランを自ら策定し，PDCA に基づいた計画とプランの改善を通じて，自分たちで地域の漁業をより良くしていくことが求められている．

2. 漁業関係者による沿岸漁業管理の自己評価ツール

　浜プランは，554 地区で策定・実施されている（2023 年 3 月末時点）．日本各地で，浜プランに関する知見が蓄積されており，浜プラン.jp[*8] では，特に先進的な 44 の浜プランの取り組みが紹介されている．また，青年女性漁業者交流大会資料[*9] では，若手漁業者による自主的な資源管理，経営安定化，地域活性化の取り組みに関する膨大な知識と経験も蓄積・公表されている．これら先進事例に関する知見は，これから自身の浜で沿岸漁業管理の改善に取り組もうとする漁業関係者にとって有益なものであろう．しかしながら，沿岸地域が抱える漁業の課題と改善策は津々浦々である[5]．すべての地域において，共通して問題解決の特効薬となるような改善策は存在しない．地域の漁業関係者は，地域にとって重要な課題を特定し，そこに本当に必要な改善策を話し合い，自分たちで検討する必要がある．

　冒頭でも述べた通り，日本の沿岸漁業管理は，歴史的に関係者が密接に連携して実施され，地域の関係者は，「話し合い」によって，地域が直面する様々な課題へと柔軟に対応してきた．しかしながら，近年，沿岸漁村は，気候変動に伴う海（生態系）の変化[6,7]，そして，新型コロナウイルス感染症などによる社会の変化[8] という不確実で困難な課題に直面している．地域の漁業関係者がこれらの複雑で困難な課題への対処策を迅速に講じていくためには，関係者による「話し合い」を科学的に支援するツールが必要であり，それがコミュニティ・レジリエンス[9] の向上につながるであろう．

　沿岸漁業の共同管理を実現するためには，地域における漁業管理の現状を科学的に評価し，順応的に改善策を探索することが重要である[10,11]．科学的な

[*8]　全国漁業協同組合連合会.「浜プラン.jp」（https://hama-p.jp/ 2024 年 5 月 1 日）
[*9]　全国漁業協同組合連合会,「青年女性漁業者交流大会資料」（https://www.zengyoren.or.jp/business/gyosei/compe/list/ 2024 年 5 月 1 日）

評価に基づいて改善の方策を提言するため，近年，Fishery Performance Indicators（FPI）[12, 13] や SHUN プロジェクト[*10] のように漁業管理を評価するための方法論が国内外で開発されてきている．しかしながら，不確実性の高い事象と日々対峙している漁業生産現場において，科学的な評価と方策の提言のみでは，必ずしも改善策の実現に貢献できない恐れがある[14]．したがって，漁業管理の改善に関わる意思決定プロセスを効果的に支援するためには，その評価手法は漁業関係者による主体的な対話および相互学習を促進するものでなければならない[15]．

　住民参加型の地域振興およびまちづくりの分野では，関係者間の対話，相互学習，そして，意思決定プロセスを支援するため，ワークショップ手法が広く活用されている．したがって，ワークショップ手法は沿岸漁業が直面する様々な課題に対して，地域の関係者が漁業の実情に即した改善策について協議し，改善策を実現するための意思決定プロセスを支援するツールとして有用であると考えられる．

　ワークショップ手法には専門的なスキルが求められるだけでなく，その運営の困難さも認識されている．これらのことから，既存の手法を漁業現場へと適用するためには，ワークショップを通じて地域の関係者と一緒に沿岸漁業に関する情報を収集するための実用的なフレームワークと，収集した情報に基づいて沿岸漁業管理の取り組みを自己評価するための方法論が必要である．

§2. 浜の道具箱

　道具箱は，関係者が漁業者による自主的管理の取り組みを体系的に評価することを通じて，漁業関係者間の「話し合い」をより活性化させる自己評価ツールである（図 10-1）．これまで道具箱は，北海道・青森県・長崎県のナマコ漁業[16]，北海道東部のかご漁業，関東地方の小型底びき網漁業，瀬戸内海地域の刺網漁業，九州・沖縄地域の潜水突棒漁業[17]，東海 3 県ふぐはえ縄漁業[18]，そして，山口県の浜プラン[19] へと適用されてきた．このように，道具箱は，地域の文化および歴史，対象とする魚種，使用する漁具・漁法などの沿

[*10] 水産研究・教育機構．「SHUN プロジェクト」（https://sh-u-n.fra.go.jp/ 2024 年 5 月 1 日）

第 10 章　漁業関係者による浜プランの改善の仕組み「浜の道具箱」　*119*

図 10-1　浜の道具箱（出典：浜の道具箱ホームページ）

岸漁村の実情に合わせて内容をカスタマイズすることによって，日本各地の多種多様な沿岸漁業へと適用可能である．以下の節では，道具箱のフレームワークと使用方法について概説する．（詳細は，水産機構のホームページ[*11] および YouTube 動画[*12] を参照のこと．）

[*11] 水産研究・教育機構．「浜の道具箱ホームページ」（https://nrifs.fra.affrc.go.jp/ResearchCenter/1_FEBA/toolbox/ 2024 年 5 月 1 日）
[*12] 水産研究・教育機構．「浜の道具箱：沿岸漁業管理の自己評価・改善のしくみ」（https://www.youtube.com/watch?v=vXgs1L8SxcQ 2024 年 5 月 1 日）

1. 道具箱のフレームワーク

　日本の沿岸地域では，資源の持続的利用と沿岸漁村の活性化に向けて，漁場・港・陸上のそれぞれの場所で，漁業者は様々な資源管理，経営安定化，そして，地域活性化などに関わる管理施策と活動を自主的に取り組んでいる．そこで，水産機構は，漁業者による自主的な取り組みを体系的に評価するため，これらの管理施策と活動が行われている「場所」と「目的」に着目し，沿岸漁業管理の取り組みを9つのグループ（工夫の種類）に分類するフレームワーク（図10-2）を構築した[2, 20]．

　図10-2に示しているように，道具箱のフレームワークは，「漁場」「港」「陸上」という3つの場所，「魚を獲るときの決めごと」「漁場の手入れ」のような9つの工夫の種類，そして，「漁具・漁法の制限」「体長制限」「漁獲量制限」のような46の管理施策および取り組みによって構成されている．漁業者，漁協職員，行政担当者（自治体水産課の担当官および普及員，水産試験場の研究者）は，この道具箱のフレームワークに従って，現場の関係者と9つの工夫の種類ごとに具体の管理施策や取り組みについて協議することによって，地域の沿岸漁業管理を体系的に評価し，改善策のアイディアを収集できる．

2. 道具箱の使い方

　道具箱は，「浜の道具箱ホームページ」の「道具箱の使い方」ページから入手できる．道具箱は4つのファイル（資料1：評価シート，資料2～4：優良

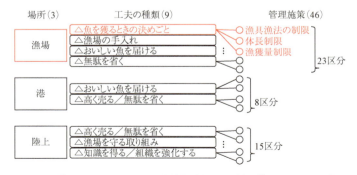

図10-2　道具箱フレームワークの全体像（出典：竹村ら[18]の図3を改変）

場所	9つの分類	評価(1-5)	取り組みの現状・課題	改善策のアイディア
漁場	A1 魚を獲るときの決めごと	3	＋＋＋＋＋	＋＋＋＋＋
	A2 漁場の手入れ	5	＋＋＋＋＋	＋＋＋＋＋
	A3 おいしい魚を届ける工夫	3	＋＋＋＋＋	＋＋＋＋＋
	A4 無駄を省く工夫	4	＋＋＋＋＋	＋＋＋
港	B1 おいしい魚を届ける工夫	5	＋＋＋＋＋	＋＋＋＋＋
	B2 高く売る／無駄を省く			
陸上	C1 漁場を守る工夫			
	C2 高く売る／無駄を省く			
	C3 知識・組織を強化する			

図 10-3　道具箱を用いた自己評価のイメージ図（出典：浜の道具箱ホームページの図を改変）

事例の事例集）によって構成されており，紙に印刷して使用する．資料 1 は A3 横向きの片面印刷，資料 2 ～ 4 は A4 横向きの両面印刷がおすすめである．道具箱を用いた自己評価は，9 つの工夫の種類ごとに下記の手順で行う．

1. 進行者は，事例集（資料 2 ～ 4）を用いて先進事例の取り組みを紹介する．
2. 参加者は，事例集を参照しながら，すでに取り組んでいること，困っていること，改善できそうなこと，新たにできそうなことを評価シート（資料 1）へ記入する．
3. 進行者は，参加者とシートに記入された内容について協議する．
4. 参加者は，他の参加者との協議の結果も踏まえて，自身の取り組みを 5 段階（1：不満，2：やや不満，3：どちらでもない，4：やや満足，5：満足）で自己評価し，得点をシートに記入する．
5. 1 ～ 4. の手順を 9 つの工夫の種類すべてについてくり返す（図 10-3）．

§3. 道具箱の活用事例

1. 東海3県ふぐはえ縄漁業への適用

　1 つ目の事例は，東海 3 県ふぐはえ縄漁業に道具箱を適用した例である．東海 3 県において，広域資源であるトラフグは，静岡県・愛知県・三重県のふ

ぐはえ縄漁業および愛知県・三重県の小型底びき網漁業により漁獲され，その約7割がふぐはえ縄漁業により漁獲されている．ふぐはえ縄漁業による水揚げ金額は，2002年漁期の15億円をピークとして減少傾向にあるものの，最近10年間（2010〜2019年漁期）の水揚げ金額は4億円／年漁期，平均単価は5〜6千円／kgであり，地域の漁業を支える重要な水産資源である．しかしながら，近年のトラフグ伊勢・三河系群の資源量は低位水準，資源の動向は減少傾向にあると評価されていた[21]．このような状況を打開するため，2011年に太平洋中海域トラフグ研究会が設立され，東海地方の静岡県，愛知県，三重県を含む関係県の漁業関係者（漁業者，漁協・漁連職員，試験研究機関）は，同海域におけるトラフグに関する総合的な研究を推進するための情報交換・連携体制の強化を図ってきている[*13]．道具箱を用いた自己評価は，本研究会の活動の一環として実施された．

　本事例では，東海3県ふぐはえ縄漁業の実態にあわせて，道具箱のフレームワークをカスタマイズし，トラフグはえ縄版道具箱を開発した．開発したトラフグはえ縄版道具箱を用いた調査は，2020年2月に三重県の三重県外湾漁業協同組合安乗事務所で開催された「令和元年度トラフグ漁業管理に関する勉強会」において，35名の漁業関係者を対象に実施した．本調査では，水産機構の研究者がトラフグはえ縄版道具箱の質問票を読み上げ，参加者が質問票（図10-4）に回答する形式で自己評価を実施した．なお，勉強会に参加できなかった漁業関係者については，後日，調査への協力を依頼し，協力が得られた30名から郵送により回答を得た．

　本事例では，関係者による問題意識の全体像を質的側面から把握するため，自由記述欄に回答された漁業関係者の意見を道具箱のフレームワークに基づいて整理し，キーワードとなる共通の取り組みによってグルーピングした．そして，回答が多数得られた意見と少数の意見を同一に扱い，KJ法[22]を用いてキーワードとなる取り組みごとに現状，課題，改善策のアイディアを特定した．分析の結果，例えば，漁場における魚の獲るときの決めごと（A1）に関する

[*13]　水産研究・教育機構．「太平洋中海域トラフグ研究会」（http://nrifs.fra.affrc.go.jp/event/event_torafugu.html 2024年5月1日）

第10章 漁業関係者による浜プランの改善の仕組み「浜の道具箱」 123

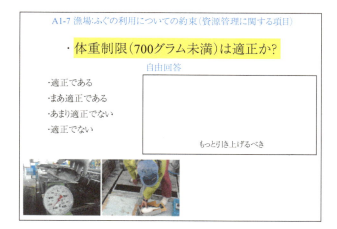

図 10-4 トラフグはえ縄版道具箱の質問票（出典：竹村ら[18]の図2を改変）

取り組みに関する意見から，「市場の休業日に合わせて，休漁している」「大漁の翌日は休漁日を設定している」「休漁明けの大漁時の値崩れがもったいない」という，取り組みの現状と課題が明らかとなった．さらに，「休漁判断に有益な情報が知りたい」「出荷調整・蓄養と組み合わせては？」という具体的な改善策のアイディアも特定された．このように道具箱は，そのフレームワークに基づいて地域の漁業関係者から網羅的に意見を収集し，それらを質的側面から分析することによって，関係者による問題認識の全体像把握に活用できる．また，分析結果を取りまとめた報告書[23]を地域の漁業関係者へとフィードバックした結果，当該漁業の解禁月である 2020 年 10 月直前に県単位および漁協単位で開催された漁期前集会において，本報告書が改善策に関する議論に活用された．その後，一部の地域において価格安定化や操業コスト削減の取り組みが漁業者によって自主的に試行されている．このように，道具箱は，自己評価を通じて漁業者による試行錯誤を創発するツールとして活用できる．

2. 山口県下関外海地区における浜プラン改善への適用

2つ目の事例は，山口県下関市の下関外海地区における浜プランの改善に浜

の道具箱を適用した例である．当地区の主要な漁業は，中型まき網，わかめ養殖，小型底びき，採貝・採藻，定置網，一本釣り，建網である．統計によると，漁業経営体の85％は販売金額が500万円未満であり，小規模漁業が漁業の中心を占めているものの[*14]，中型まき網漁業を除いた地区内の水揚げ量は年間約1,000 t，水揚げ金額は約6.5億円であった[*15]．このように，当地区の沿岸漁業は，地域の経済を支える重要な産業の一つといえる．しかしながら，当地区は漁船の87％が5 t未満の小型漁船であるため[*16]，時化の多い時期の出漁日数が限られ，年間を通じた収入安定化が課題であった．加えて，山口県の東シナ海沿岸域では高水温に伴う藻場の衰退が著しく，藻場保全も課題であった．このような状況を打開するため，当地区は2014年4月に浜プラン（第1期）を策定し，「年間を通じた収入安定化」と「藻場の保全」などの活動を積極的に実施していた．ところが，当該地区では，2000年頃から基本的に上昇基調で推移してきた魚価が2016年頃をピークとして高止まりの傾向が見られるなど，既存の活動を改善・強化するために，浜プランの拡充が求められていた．

　本事例では，2018年度に最終年を迎える浜プラン（第1期）の改善作業として，2017年8月〜2018年10月にかけて，道具箱を用いて漁業者と一緒に自己評価を行う計4回のワークショップを実施した．ワークショップは，同地区の4つの漁業者グループ（A〜D）を対象に，それぞれ1回ずつ実施し，ワークショップには当地区内の8つの支店に所属する計46名の漁業者が参加した．ワークショップの結果は，2018年11月に開催された下関外海地区地域水産業再生委員会で報告され，ワークショップで収集された漁業者の意見が浜プランの改定案に反映された．そして，2019年4月から新しい浜プラン（第2期）が実施されている．本事例では，改定前後における浜プランの改善内容と，ワークショップによって同定された改善策を比較することによって，道具箱が当地区における浜プランの改善に果たした効果を評価した．

[*14] 農林水産省大臣官房統計部．「2013年漁業センサス第4巻海面漁業に関する統計（漁業地区編）漁獲物・収獲物の販売金額別経営体数」

[*15] 下関市．「下関市水産統計年報（2010-2018）」

[*16] 農林水産省大臣官房統計部．「2013年漁業センサス第4巻海面漁業に関する統計（漁業地区編）経営体階層別経営体数」

ワークショップを通じて収集した漁業者グループの意見は，道具箱のフレームワークにしたがって，既存の取り組み，改善の余地がある取り組み，新たな改善策のアイディアに分類した．そして，4つの漁業者グループの分析結果は，表10-1に示したような星取表へと集約した．その結果，下関外海地区における4つの漁業者グループ間で課題とニーズが共通する改善策のアイディアと，そうでないものが明らかとなった（表10-1）．この結果を浜プラン（第1期）に記載されている取り組みと比較することによって，漁業者グループ間でニーズが共通する改善策のアイディアであるにも関わらず，浜プラン（第1期）に記載されていなかったものを特定できる．例えば，「魚礁投入」「出荷調整，蓄養および共同出荷」「鮮度保持」「組合・グループによる加工処理」に関する意見は，浜プラン（第1期）に記載されていない改善策のアイディアであった．さらに，道具箱を用いた自己評価結果を下関外海地区地域水産業再生委員会で報告することを通じて，これらの改善策のアイディアは，当地区の漁業関係者によって，浜プラン（第2期）の基本方針として採用された．これらの結果は，道具箱が，地域の関係者による浜プランを拡充する意思決定プロセスに貢献したことを示すものである．このように，道具箱は，漁業関係者が浜プランを改善する際に，関係者から沿岸漁業管理に関する情報を収集し，グループ間で取り組みの状況・課題を比較することによって，地域内でニーズが共通する改善策のアイディアを特定するツールとして活用できる．

§4. 今後の課題と展望

　本章では，道具箱のフレームワークと使用方法を紹介し，具体の活用例から得た知見について述べてきた．ここでは，これまで紹介してきた2つの活用事例から，現場と研究および政策の乖離を埋めるうえで道具箱が果たした効果を振り返り，今後の課題と展望について述べる．

1. 道具箱の3つの効果

　東海3県のふぐはえ縄漁業と山口県下関外海地区の沿岸漁業の事例では，地域（東海地方／中国地方），対象とする魚種（広域資源のトラフグ狙いの漁業／多種多様な沿岸資源を組み合わせた漁業），使用している漁具・漁法（は

表10-1 道具箱を用いた自己評価の結果（出典：竹村ら[19]の表4を改変）

大区分	中区分	小区分	改善策	漁業者グループの意見				意見が得られたグループ数		浜プラン
				A	B	C	D	取組	改善策	
A:漁場	A1:魚をとるときの決めごと		漁具・漁法の制限	○★		○	○	4	1	
			漁船の形・大きさ、操業隻数の制限	○	○			1	0	
			操業する人数の制限					0	0	
			漁期の制限	●			●★	2	2	
			操業日数、操業回数、操業時間の制限	○			○	1	0	
			休漁制限、とってよい魚の種類、とる魚の工夫	●		○	●★	3	2	
			輪番制				★	0	1	
			漁獲量の制限					0	0	
			安全対策の徹底					0	0	
	A2:漁場の手入れ		禁漁区・保護区の設置、漁場の制限	●				1	1	
			海底耕耘	○				0	0	
			魚礁を入れる	●	●	★	●★	2	3	○
			人工/天然種苗の生産・採捕や放流	○	●	○	●	4	2	○
			害獣の駆除、間引き、海底ゴミの回収・漁場のそうじ	○	●	○	●★	4	2	○
	A3:おいしい魚を届ける		船上での鮮度保持、酸素の供給	●		○	●★	3	2	○
			船上での一次処理、手間を加える	●			○★	2	2	○
			キズの防止	●		○		2	0	○
			船上での箱だて、大きさなど規格をそろえる	●				2	0	○
	A4:無駄を省く		グループ操業	●				1	1	
			協業化、減船	○				0	0	
			エンジンの馬力、回転数、船のスピードの制限	●				1	1	○
			1日あたりの燃油量のせってい					0	0	
			漁船・漁具・エサなどの省エネ・省コスト化	●		○		2	1	○

										◎
B:港	**B1:おいしい魚を届ける**	荷さばき場・市場での鮮度の管理、キズの防止	○				★	2	0	◎
		荷さばき場・市場での一次処理、手間を加える				○	●★	2	2	◎
		港や船の衛生に気をつかう						2	0	◎
		荷さばき場・市場で大きさなど規格をそろえる						0	0	
		出荷の時間を調整する、中間育成・蓄養	●			●	●	2	1	◎
	B2:高く売る/無駄を省く	新たな売り先をみつける	○	○	★	●	●	3	3	◎
		消耗品の節約や改良、施設の共同利用	○					0	0	
		水揚げ場・荷さばき場・冷凍・冷蔵施設の新設・改築						0	0	
C:陸上	**C1:高く売る/無駄を省く**	組合/グループで加工処理をする、加工方法をそろえる	○	○	●	●	●	4	3	◎
		組合/グループで直接販売、とった魚のPR活動	●		○	●	●★	4	3	○
		組合/グループでレストラン・食堂の経営をする	★					0	1	
		ブランド化のとりくみ、認証をつける		★				0	1	
		経費の節約、施設や道具の共同利用、仲間うちでの共同出荷	○	★	●★	●★		1	2	◎
	C2:漁場を守るとりくみ	自然再生活動	○		●	●	●	3	2	◎
		植樹活動、漁場の水質管理	○				○	1	0	
		浜のそうじ	★			○	○	2	0	
		自然再生の普及や教育		★			●★	1	2	
	C3:知識を得る/組織を強くする	講習会、研修会、勉強会の開催や参加	○					1	0	○
		密漁の監視	○					1	1	
		資源量の調査、水質の調査、実証試験など	★	●	★			2	2	○
		未利用資源の調査や活用、マーケティング調査	★		★			1	2	○
		年間スケジュールの見直し						1	2	○
		新規就労者・来訪者の受け入れ			●			2	2	○

漁業者グループの意見は、○印が現在のとりくみ、●印が改善の余地のあるとりくみ、★印が新たな改善策のアイデアであることを示す.

え縄専業の漁業／複数漁法を組み合わせた漁業）が異なる．つまり，道具箱は，対象とする地域，魚種，漁具・漁法に合わせて内容をカスタマイズすることによって，共通のフレームワークに基づいた漁業者との自己評価を通じて，日本各地の多種多様な沿岸漁業が抱える課題とその改善策の特定に貢献するものである．さらに，2つの活用事例を通じて，漁業関係者が沿岸漁業管理の改善策を講じるうえで道具箱が果たした効果として，次の3つが共通していた．

1つ目の効果は，道具箱のフレームワークに従って現場の関係者から意見を効率的に収集できる点である．道具箱は，山口県下関外海地区の事例では46名の漁業者から，そして，東海3県ふぐはえ縄漁業の事例では65名の漁業関係者から，地域の課題や改善策のニーズに関する意見集約に貢献した．漁業生産現場では，部会などで日常的に会合や勉強会を開催しており，道具箱は，漁業関係者の意見を集約し，議論の論点を整理するツールとして活用できる．

2つ目の効果は，漁業関係者の意見を体系的に取りまとめ，地域内で共通する改善策のアイディアを特定できる点である．山口県の事例では，道具箱は，収集した意見をフレームワークに基づいて体系的にとりまとめることで，地域内でニーズが共通する改善策のアイディアの特定に貢献した．東海3県ふぐはえ縄漁業の事例では，関係者から網羅的に収集した意見を質的側面から分析することで，道具箱は，ふぐはえ縄漁業に対する関係者による問題認識の全体像把握に貢献した．したがって，道具箱は地域の漁業が抱えている課題とその改善策の特定を通じて，現場と研究および政策のギャップを把握するツールとして活用できる可能性がある．

3つ目の効果は，道具箱を用いた自己評価結果を浜プランなどの地域の漁業管理計画に活用できる点である．山口県の事例では，道具箱を用いて集約された漁業者の意見が，地域水産業再生委員会を通じて，新しい浜プラン（第2期）へと反映され，現在，漁業者によって実施されている．東海3県ふぐはえ縄漁業の事例でも，道具箱を用いた自己評価結果を漁業者へとフィードバックした結果，一部の地域の漁業者が，価格安定化や操業コスト削減の取り組みを試行するなど，漁業者による自主的な試行錯誤へとつながっている．このように，道具箱は，浜プランなどの地域の漁業管理計画を改善することを通じて，現場と研究および政策を接合するツールとして活用できるであろう．実際，道

具箱は，都道府県，広域水産業再生委員会，さらには漁協および全漁連などが主催する勉強会や研修会の実習でも利用されつつある．

2. オンライン版「浜の道具箱」

　現場の関係者が道具箱を「話し合い」の場で活用するためには，データ収集および評価手法のさらなる効率化が課題である．そのため，水産機構は，漁業関係者がPCまたはスマートフォンなどを用いて遠隔から沿岸漁業管理を自己評価するため，「オンライン版道具箱」を開発した[24]．オンライン版では，データの収集と集約にかかる時間が大幅に短縮できるだけでなく，自己評価結果をその場で参加者と共有することも可能となった．そのため，これまでデータの収集と集計に要していた時間を，参加者が特に高い問題意識を有していた改善策について議論を深める時間に充てることができる．また，どうしても会場に参加できない参加者は，事前にオンライン版道具箱を通じて回答することによって，自身の意見を会場の議論に反映させられるであろう．しかしながら，本章で紹介した道具箱は完成形でなく，現場関係者からのニーズに合わせて，使い勝手の良いものへとさらなる改良が必要である．特に気候変動適応やカーボンニュートラルなど，今後重要となる活動については，科学的知見の充実と，それに基づく道具箱の拡充が課題だと考える．

文　献

1) Makino M, Matsuda H. Co-management in Japanese coastal fisheries: Institutional features and transaction costs. *Marine Policy* 2005; 29: 441–450.

2) 牧野光琢．「日本漁業の制度分析：漁業管理と生態系保全」恒星社厚生閣．2013.

3) Pomeroy RS, Williams MJ. *Fisheries Co-Management and Small-Scale Fisheries: A Policy Brief.* International Center for Living Aquatic Resources Management. 1994.

4) Pomeroy RS., Berkes F. Two to tango: The role of government in fisheries co-management. *Marine Policy* 1997; 21: 465–

480.

5) 竹村紫苑，牧野光琢．漁業管理の知識構造：魚種・漁法による比較．国際漁業研究 2018; 16: 49–52.

6) Kuroda H, Saito T, Kaga T, Takasuka A, Kamimura Y, Furuichi S, Nakanowatari T. Unconventional sea surface temperature regime around Japan in the 2000s–2010s: Potential influences on major fisheries resources. *Frontiers in Marine Science* 2020; 7: 574904.

7) 日下 彰，櫻井正輝，山田和也，竹尻浩平，後藤直登，伊與田慎右，石川陽子，陶山公

彦，丸山拓也，中野哲規，上原陽平，岸 香緒里，東本敏光，今泉洋介，大畑 聡，大森健策，瀬藤 聡．黒潮大蛇行発生に伴う海況変化が本州太平洋沿岸域の漁海況へ及ぼす影響．黒潮の資源海洋研究 2021; 22: 1–5.

8）Sugimoto A, Roman R, Hori J, Tamura N, Watari S, Makino M. How has the 'customary nature' of Japanese fisheries reacted to COVID-19? An interdisciplinary study examining the impacts of the pandemic in 2020. *Marine Policy* 2022; 7: 574904.

9）Berkes F, Ross H. Community resilience: Toward an integrated approach. *Society & Natural Resources* 2013; 26: 5–20.

10）Charles A. *Sustainable Fishery Systems*. Blackwell Science. 2001.

11）Charles A. Adaptive co-management for resilient resource systems: Some ingredients and the implications of their absence. In: Armitage D, Berkes F, Doubleday N（eds）. *Adaptive Co-Management. Collaboration, Learning, and Multi-Level Governance*. UBC press. 2007; 83–102.

12）Anderson JL, Anderson CM, Chu J, Meredith J, Asche F, Sylvia G, Smith MD, Anggraeni D, Arthur R, Guttormsen A, McCluney JK, Ward T, Akpalu W, Eggert H, Flores J, Freeman MA, Holland DS, Knapp G, Kobayashi M, Larkin S, MacLauchlin K, Schnier K, Soboil M, Tveteras S, Uchida H, Valderrama D. The fishery performance indicators: A management tool for triple bottom line outcomes. *PLOS ONE* 2015; 10: e0122809.

13）Eggert H, Anderson CM, Anderson JL, Garlock TM. Assessing Global Fisheries Using Fisheries Performance Indicators: Introduction to Special Section. *Marine Policy* 2021; 125: 104253. https://linkinghub.elsevier.com/retrieve/pii/S0308597X2030899X

14）宮内泰介．「なぜ環境保全はうまくいかな

いのか：現場から考える「順応的ガバナンス」の可能性」新泉社．2013.

15）佐藤 哲，菊地直樹．「地域環境学：トランスディシプリナリー・サイエンスへの挑戦」東京大学出版会．2018.

16）牧野光琢，廣田将仁，町口裕二．管理ツール・ボックスを用いた沿岸漁業管理の考察－ナマコ漁業の場合．黒潮の資源海洋研究 2011; 12: 25–39.

17）牧野光琢，但馬英知．地域における資源管理の選択肢の共創・共有・共進化．「地域環境学：トランスディシプリナリー・サイエンスへの挑戦」（佐藤 哲，菊地直樹編）東京大学出版会．2018; 299–318.

18）竹村紫苑，鷲山裕史，黒田伸郎，福田 遼，鈴木重則．浜の道具箱を活用した漁業関係者との問題同定：東海3県トラフグはえ縄漁業における予備的分析．黒潮の資源海洋研究 2021; 22: 105–116.

19）竹村紫苑，牧野光琢，但馬英知．漁業関係者による沿岸漁業管理の自己評価ツール「浜の道具箱」－山口県下関外海地区における浜プラン改善への適用－．地域漁業研究 2020; 60: 125–136.

20）独立行政法人水産総合研究センター．「我が国における総合的な水産資源・漁業の管理のあり方（最終報告）」．2009.

21）鈴木重則，山本敏博，澤山周平，西嶋翔太．令和2（2020）年度トラフグ伊勢・三河湾系群の資源評価．「令和2年度我が国周辺水域の漁業資源評価」（水産庁増殖推進部・国立研究開発法人水産研究・教育機構）．2020.

22）川喜田二郎．「発想法＜続＞－KJ法の展開と応用－」中公新書．1970.

23）竹村紫苑，鈴木重則．「浜の道具箱 東海3県ふぐはえ縄漁業編 自由回答一覧」水産研究・教育機構．2020.

24）竹村紫苑，但馬英知，亘 真吾，牧野光琢．オンライン版「浜の道具箱」の開発と山口県における評価の試行．黒潮の資源海洋研究 2022; 23: 105–114.

第11章　現場の求める事前復興
――福島県における震災・原発事故への対応を基に――

鷹﨑 和義[*1]

　本章では，水産庁が 2023 年 3 月に発表した「災害に強い地域づくりガイドライン（改訂版）」[1]（以下，ガイドライン）における事前復興の記載内容などを説明する．次に，東日本大震災（以下，震災）後の福島県沿岸漁業の変遷についてレビューする．さらに，中林[2] が触れた「復興プロセス」および片山[3,4] が例示した事前復興の検討課題のうち「原発対応」「水産物流通システム」に関する福島県における取り組みを紹介する．最後に，本章のタイトル「現場の求める事前復興」について，筆者の考えを述べる．

§1.　ガイドラインにおける事前復興の記載内容など

1.　ガイドラインにおける事前復興の記載内容

　事前復興について，中林[2] は，「災害復興を事前に予測した取り組み」のこととしており，その一例として，東京都が阪神・淡路大震災に学んで取り組んだ事前復興について整理し，事前復興の議論で「どのような都市復興を目指すのか“目標とする像”を描くべき」「被災者の参加を保障し，地域住民とともに復興計画を策定していく復興プロセスを検討しておくべき」という意見が出されたことを紹介している．また，片山[3,4] は，日本水産学会の中に事前復興計画チームを立ち上げ，「生態系モニタリング」「巨大インフラアセス」「生産システム」「地域振興」「原発対応」「水産物流通システム」のような点について，復旧復興の考え方を検討しておくことを提案している．さらに，水産庁は，2023 年 3 月にガイドライン[1] を公表したが，改訂のポイントのひとつとして，

[*1] 福島県水産事務所，現所属 福島県水産海洋研究センター

新たに事前復興に関する記載を追加したことが挙げられる．福島県では，震災と東京電力（株）福島第一原子力発電所（以下，第一原発）の事故（以下，原発事故）から12年を経過した現在も，震災前のような水揚げはできていない（詳細は §2．3．）．震災・原発事故への対応に未だに苦慮している福島県における取り組みは，今後の事前復興の参考になると考えられる．

ガイドラインは「被災後の極度に混乱した時期に復旧・復興作業をスタートさせることや，水産地域の将来を見通した復興まちづくり計画を策定し，それを実行することの難しさが確認された」と指摘している[1]．福島県では，震災および原発事故の発生を受けて，福島県の農林水産業・農山漁村の振興に向けた施策の基本方向を明らかにする「福島県農林水産業振興計画（以下，県振興計画）」を全面的に見直したが，新たな計画を公表できたのは2013年3月であった[5]．県振興計画の見直しに災害発生から2年もの時間を要したことは，ガイドライン[1]が指摘した，被災後にゼロベースで復興に関する計画を策定することの困難さを示す典型的な例であると考えられる．

ガイドライン[1]では，事前復興の定義を「災害後の甚大な被害を想定し，迅速かつ円滑な復興まちづくりの検討や対策を災害発生前に準備する取り組み」としており，中林[2]の事前復興と同義である．また，ガイドライン[1]の対象とする災害は，従来の地震・津波の他，台風・高潮・集中豪雨などの風水害が追加されたが，自然災害の対策の強化を図るというガイドライン本来の趣旨を鑑みて，原子力災害などの事故災害は追加されなかった．一方，片山[3,4]では，復興まちづくりは，事前に検討すべき課題として例示したなかの1つ（地域振興）にすぎず，ガイドライン[1]が対象としなかった「原発対応」を検討すべき課題に含めている．中林[2]やガイドライン[1]は狭義の事前復興，片山[3,4]は広義の事前復興について議論しているといえる．

また，ガイドライン[1]では，事前復興計画を「行政と漁業者・水産関係者を含めた住民が主体となって，災害後に円滑に復興するため，地域の目指す将来像や復興の基本方針などを事前に検討して定めた計画」と定義するとともに，策定した事前復興計画は，行政の上位計画に反映することで行政的な位置づけを明確にする必要があると述べている．したがって，福島県が事前復興計画を策定した場合は，県振興計画に反映することが必要となる．ここで，県振興計

画の基本目標（東京都における事前復興の協議で意見が出された"目標とする像"[2]と同義）について紹介する．

2．県振興計画の基本目標

県振興計画の基本目標は，農林漁業者をはじめすべての県民が安心して住み，暮らすことのできるふるさとを取り戻すという想いなどを込めて，「"いのち"を支え　未来につなぐ　新生ふくしまの『食』と『ふるさと』」と定められた[5]．県振興計画は2021年12月に改訂され，基本目標は「『もうかる』『誇れる』共に創るふくしまの農林水産業と農山漁村」と改められた[6]．「もうかる」という文言は，子どもたちが成人した時，農林水産業を職業として選んでもらえる魅力ある産業となること，また，農林漁業者が意欲とやりがいをもちながら必要な所得を得て経営を継続してできるという視点を表現しているが[6]，「もうかる」を基本目標で表記することについては様々な意見があった[*2]．

片山は，学術的な議論は科学的な判断が拠り所になるが，政策に関わる議論になると賛成か反対かという個々人の思想に拠るので意見が激しくなる，と述べている[4]．県振興計画（2021年12月改訂）[6]の基本目標の表記で様々な意見が出たのは，それが政策に関わる議論であり，しかも今後の政策の根源となるビジョンに関わる議論だったからに他ならない．

§2．震災後の福島県沿岸漁業の変遷

1．試験操業の開始

福島県は，2011年4月から海産魚介類の緊急時環境放射線モニタリング検査（以下，モニタリング）を開始したが（詳細は§3．2．），モニタリングにより放射性セシウム（以下，Cs）が不検出または濃度が速やかに低下した魚種が明らかになってきた[7]．この知見を踏まえて，県漁連および県北部の相馬双葉地区にある相馬双葉漁業協同組合（以下，相双漁協）は，本操業の自粛は継続しつつ，安全性が高い魚種，海域に限定して「試験操業」を開始することとした[8]．

[*2] 令和2年度第1回福島県水産業振興審議会議事録 https://www.pref.fukushima.lg.jp/uploaded/attachment/416885.pdf（2023年6月29日確認）

試験操業の主目的の一つに，福島県産の魚介類が流通過程でどのように評価されるかを把握することがあり，この評価調査を行うために，水揚げ物はすべて産地仲買人の団体が出荷することとしてトレーサビリティを確保した[8]．試験操業の実施にあたっては，操業，スクリーニング検査（詳細は§3.3.），販売，評価調査の方法などを記載した計画書を，漁業協同組合（以下，漁協）が漁法別に作成して複数の会議で承認を得ることとした（詳細は§3.1.)[8]．最初の試験操業は2012年6月から沖合底びき網で開始され，対象種は安全性が確認されるとともに加工後に出荷されるためにスクリーニング検査体制を整えやすいミズダコ，ヤナギダコ，シライトマキバイの3種であり，水揚げ物の出荷は震災前から存在した「相馬原釜魚市場買受人協同組合」が実施した[7,8]．

2. 試験操業の拡大

2012年7月には，先述の3種を対象とする沖合たこかごでも試験操業が開始され，同年8月には，第一原発から離れた沖合に生息する魚種7種が試験操業の対象種に追加された[8]．2013年には，世代交代が早く見かけの放射性Cs濃度の低下が速やかであったシラス[7]などの浮魚類を漁獲する船びき網が試験操業の対象漁法となり，県南部のいわき地区にあるいわき市漁業協同組合および小名浜機船底曳網漁業協同組合でも底びき網と船びき網で試験操業を開始した[8]．いわき地区における水揚げ物の出荷は，新たに設立された「いわき仲買組合」が行った[8]．その後，魚類に比して放射性Csの濃縮係数が低い貝類[7]を漁獲する採鮑および貝桁網や，回遊魚を漁獲する流し網などが続いたが，沿岸性の底魚類を漁獲する固定式刺し網，釣り，延縄などは，当該魚種の放射性Cs濃度が比較的高く，出荷制限が指示されているものも多かったことから，試験操業の開始には時間を要した[8]．試験操業対象種は2017年1月に97魚種となり[8]，同年3月からは出荷制限対象種を除くすべての魚介類を試験操業対象種とすることとなった[9]．

操業海域は，底びき網漁船では，試験操業開始時は第一原発から半径20 km圏の北端正東線～福島・宮城県境の水深150 m以深であったが，次いで県全域の水深150 m以深に，その後段階的に浅海域に拡大し[8]，現在は公的な操業禁止海域（おおむね水深50 m以浅域）や自主的に設置した禁漁区を除く福島

第 11 章　現場の求める事前復興　*135*

県海域で操業が可能となっている．一方，小型船（浅海域で多様な漁業を営む7 t 未満の漁船）では，当初は第一原発から半径 20 km 圏内を操業自粛海域とし，かつ漁業許可や各漁法の自主規制による禁漁区を除く福島県海域で操業が行われていたが[8]，現在は操業自粛海域は第一原発から半径 10 km 圏内に縮小されている．震災前に第一原発の近傍で操業していた漁業者は操業自粛海域のさらなる縮小を要望しているが，他地区の漁業関係者の中には縮小による風評などを懸念する声もあり，協議は停滞している．

3.　試験操業の終了

　県漁連は，試験操業の目的は達成されたと判断して 2021 年 3 月末で試験操業を終了したが[9, 10]，その根拠として以下の 5 点を挙げた[*3]．

　ア．漁船，漁港，市場などの生産・流通体制については一定程度復旧した[6]．

　イ．震災前に行っていたほぼすべての漁法が操業可能となった[8]．

　ウ．福島県沖の漁場については，一部の自粛海域を除き震災前と同様の海域が利用可能となった（§2. 2.）．

　エ．放射性物質の検査体制が構築され，福島県産の海産魚介類の安全性が確保されている．また 2021 年 3 月現在，放射性物質はほぼ検出されなくなった（詳細は §3. 2. 1)）．

　オ．出荷先都道府県は，震災前とほぼ同様に回復し（図 11-1），市場において一定の評価を得た[11]．

　試験操業および沿岸漁業の水揚げ量は，増加傾向にあるものの震災前の約 2 割にとどまっている[9]．この一因として，設備投資が困難で漁船の更新などができていない漁業者や価格下落を恐れて漁獲量の増加に積極的でない漁業者がいることや，今まで獲れていた魚種が獲れなくなるなどの魚種相の変化が指摘されている[11]．関係漁協は，試験操業の終了を機に，本格操業へ向けた移行期間（2021 年 4 月〜）において生産・流通を震災前の水準に回復するためのロードマップを作成し，進捗状況や水揚げ量などを定期的に会議で報告しなが

[*3] 福島県漁業協同組合連合会ホームページ http://www.fsgyoren.jf-net.ne.jp/（2023 年 6 月 29 日確認）

ら，水揚げ量・流通量の拡大を図っている．

図11-1 福島県産水産物の出荷実績がある都道府県数（累計）の推移
県漁連による産地仲買業者へのアンケート結果．

§3. 事前復興検討の参考となる福島県の事例

1. 復興プロセス

　県漁連は，試験操業計画書の作成から操業開始に至るまでに，漁協が主催し，漁業者と流通業者が出席する①漁法別の会議，②試験操業検討委員会（地区全体の漁業者代表が出席）を経て，県漁連が主催する③復興協議会（国，県，漁協，流通業者，大学などの専門家などで構成），④県下漁協組合長会（最上位の意思決定の場）で承認を受けることが必要と定めた[8]．

　漁業者は試験操業計画書を承認する4つの会議すべてで構成員となっているが，このことは，東京都の事前復興の議論における「被災者の参加を保障し，地域住民とともに復興計画を策定していく復興プロセスを検討すべき」という意見[2]に合致している．一方で，復興協議会の構成員に行政や学識経験者を含めたことで，生産者だけの判断ではなく，第三者を交えた客観的な判断を行うことが可能となっている[8]．さらに，復興協議会，組合長会はすべて報道機関に公開されており，意思決定過程の透明性の担保により県産魚介類の信頼性確保が図られている[8]．

　ガイドライン[1]は，「水産地域の場合，産業活動を含めた地域運営を担う伝統的で強固な共同体的地域コミュニティが存在する場合が多く，既存のコミュニティ機能を維持・補強することで，復興まちづくりの取組主体の合意形成能力を強化することも重要な視点である」と述べている．相双漁協の試験操業計画書の作成の第1段階を担った「操業委員会」（震災前から存在し，同じ漁法で操業する漁業者が結束する組織）および試験販売を実施した「相馬原釜魚市

場買受人協同組合」は，いずれもガイドライン[1]が記した「伝統的で強固な
コミュニティ」そのものであり，両者は試験操業・販売に関する合意形成に多
大な役割を果たした．

　また，ガイドライン[1]には，「取組主体の構築による議論の場の創出は，事
前復興計画を始めとする事前準備が未だ進んでいない地域における関係者の意
識啓発と具体的取組推進という視点も重要な目的のひとつである」との記述が
ある．いわき地区では，相馬双葉地区における操業委員会のような組織は，船
びき網や採鮑などの一部の漁業でしか存在しなかったが，試験操業の開始に向
けて漁法別の部会を新設した．いわき地区における漁法別部会や「いわき仲買
組合」の立ち上げは，ガイドライン[1]の「取組主体の構築による議論の場の
創出」に相当するものであり，これらの団体は関係者の意識啓発と具体的取り
組みの推進に貢献した．

　なお，試験操業終了後も，操業に関する重要な案件は4つの会議で承認を
得るプロセスが維持されている．直近では，2023年2月に自主基準値（詳細
は§3.3.）の超過が確認されたために操業を自粛したスズキについて，そ
の後の重点的なモニタリングで安全性が確認されたことを受けて，同年3月
に自粛解除を決定する際にこのプロセスが踏まれた．

2．原発対応

　片山[3,4]は本課題の具体例として「放射性Cs」「トリチウム」「風評対策」
を挙げているので，これらの項目ごとに記述する．

1）放射性Cs

　福島県における出荷・販売用の農林水産物のモニタリング計画[12]は，国が
定める「検査計画，出荷制限等の品目・区域の設定・解除の考え方」（以下，
「考え方」）[13]に沿って策定されている．このうち海産魚介類のモニタリング
については，対象海域（福島県沿岸を区分けして，偏りのないように配船）[7]
や，スケジュール（漁法ごと，主な対象種ごと，月ごと）などの詳細な計画を
作成して，毎年3月の県下漁協組合長会で説明している．サンプリングは漁
船や県の調査船により実施し，採取した検体は県の機関で前処理を行った後，
福島県農業総合センターにおいてゲルマニウム半導体検出器で放射性Cs濃度

を測定している[7].

モニタリングの全検体に占める基準値（100 Bq/kg）を超過した検体の割合は，2011年4月は91％であったが，その後は時間の経過とともに低下し，2011年7月以降は50％未満，2013年1月以降は10％未満，2015年4月以降は0％で推移したが，2021年4月にクロソイ1検体で270 Bq/kgが検出された（図11-2）．一方，全検体に占める不検出の検体の割合は，2011年4月は9％であったが，その後は時間の経過とともに上昇し，2013年2月以降は50％以上，2015年9月以降は90％以上で推移し，2017年9月に初めて100％となり，その後2023年5月までの間に34回出現した．ここで，2023年3月に97％に低下したのは，操業自粛の解除を目指して重点的にモニタリングを実施したスズキ（§3.1.）266検体中22検体から8.7～33.0 Bq/kgの放射性Csが検出されたことによるものである．

放射性Cs濃度の海域差については，2011年4月～2012年3月の調査では，第一原発の南側の水深50 m以浅域で放射性Cs濃度が高く，第一原発の北側や水深50 m以深域で低い傾向がうかがえた[7]．2017年の調査における不検出の検体の割合は，第一原発の周辺および南側の海域で他の海域よりも有意に低かったものの，不検出の割合はすべての海域で90％を超えた[14]．2019年12月（震災から3,200日後）～2021年9月の調査では，放射性Cs濃度の海域

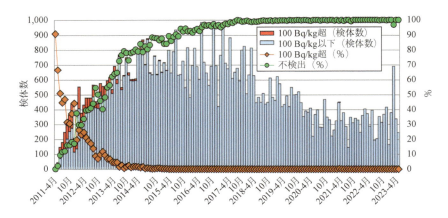

図11-2　月別モニタリング検査結果（2011年4月～2023年5月，公表日ベース）

第 11 章　現場の求める事前復興　*139*

による明瞭な差異は確認されなかった [10].

　福島県海域の海産魚介類の安全性が確認されているにもかかわらず福島県がモニタリングを継続している理由としては，モニタリングデータが，県産水産物の出荷制限や操業自粛を解除する判断材料とされるなど安全性を担保する基盤となっていること [10]，海産魚介類の放射性 Cs の動態の解明に活用されるなど沿岸漁業の復興に科学的根拠を付与していること [9]，および消費者の安心感を得るための根拠とできること [14] などが挙げられる．

2）トリチウム

　トリチウムの検査計画は，国が策定する「総合モニタリング計画」[15] で定められている．なお，「考え方」[13] は，食品の放射性 Cs 濃度を対象として，地方自治体が行う検査計画に関する基本的事項を定めているが，総合モニタリング計画は，土壌・水・大気などの様々な放射性物質を対象としており，検査は関係府省・地方自治体・原子力事業者などが連携して行うこととなっている [15].

　2021 年 4 月に ALPS 処理水の海洋放出や放出前後のモニタリングの強化・拡充を盛り込んだ基本方針 [16] が公表されると，その後改訂された総合モニタリング計画で，海洋生物のモニタリングの核種にトリチウムが追加され，水産庁は水産物を，環境省は魚類を，東京電力ホールディングス（株）は魚類と海藻類を検査することとなった [15].　水産庁は，2022 年 6 月〜 2023 年 3 月に北海道〜千葉県の太平洋側で水揚げされた水産物 216 検体（うち福島県 86 検体）の組織自由水型トリチウム濃度を測定したが，すべて検出限界値（最大で0.408 Bq/kg）未満であった [*4].　2023 年度の水産物の検査は 380 検体を予定しており，一部は検出限界値を 10 Bq/kg に引き上げて迅速分析法により検査する計画である [15].

3）風評対策

　風評対策として，福島県は研究・行政機関ともに講演活動を積極的に実施している．このうち，福島県水産試験場および福島県水産海洋研究センター（2018年 6 月に組織改編）[17] が行った漁業者研修会，県民への研修会およびモニタリ

[*4] https://www.jfa.maff.go.jp/j/housyanou/kekka.html#a1.pdf （2023 年 6 月 29 日確認）

ング報告会の年間回数は，震災前（2008〜2010年度の平均）は順に15.0回，10.0回，0.0回で合計25.0回だったが，震災後（2011〜2020年度の平均）は順に10.2回，30.1回，39.1回で合計79.4回／年と大幅に増加した[18, 19]．

また，福島県の行政機関では，漁業関連団体などが行う第三者認証（水産エコラベル）の取得などによって県産水産物の風評払拭を図る活動に対し補助金を交付している[*5]．

3. 水産物流通システム

片山[3, 4]は本課題の具体例として「安全性を担保する検査体制」を挙げているので，これについて記述する．

試験操業の対象種は，県のモニタリングで安全性が確認された魚種の中から選定されているが，県漁連は，流通業者や消費者の安心を得ることを目的として，出荷前に全魚種を対象として地区（相馬双葉，いわき）ごとにスクリーニング検査を行うこととした[8]．スクリーニング検査は，精確な測定値を得ることを目的とせずに，放射性Cs濃度がスクリーニングレベル以下である食品を基準値以下と判定できるように性能要件を設定した検査のことである[20]．国の一般食品の基準値は100 Bq/kgであるが，県漁連は，基準値を超えた水産物の流通防止に万全を期すために自主基準値を50 Bq/kgに設定した[8]．国のマニュアルでは，スクリーニングレベルを50 Bq/kg（基準値の2分の1），検出下限値を25 Bq/kg（同4分の1）以下と定めていることから[20]，試験操業ではスクリーニングレベルを25 Bq/kg，検出下限値を12.5 Bq/kg以下と設定した[8]．スクリーニング検査で25 Bq/kgを超えた場合は，その検体を県機関のゲルマニウム半導体検出器で精密検査を行うこととし[8]，その間に，漁協はもう一方の地区の漁協に対して25 Bq/kg超過した旨を連絡し，連絡を受けた地区は当該魚種の水揚げの有無を確認し，出荷前であれば精密検査結果が出るまでの間の出荷見合わせを，出荷後であれば出荷先への連絡を行う．精密検査で50 Bq/kgを超過した場合は，全県で当該魚種の出荷・流通を自粛し，モニタリングを強化する（図11-3）．操業自粛の解除については，モニタリングに

[*5] https://www.pref.fukushima.lg.jp/sec/36035e/suisannninnsyou.html （2023年6月29日確認）

おいて1ヶ月以上安定して自主基準値を下回った場合に，復興協議会，県下漁協組合長会などで協議することとしている．

県漁連は試験操業終了後もスクリーニング検査を継続しており，累計検体数は，2021年に県のモニタリングの累計検体数を上回った（図11-4）．この要

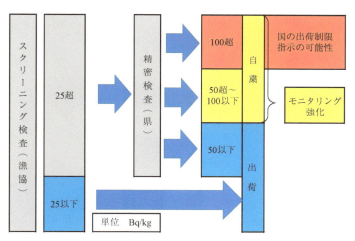

図11-3　県漁連のスクリーニング検査フローと出荷方針

図11-4　モニタリング検査とスクリーニング検査の累計検体数の推移

因は，操業の拡大などによりスクリーニング検査の検体数が増加傾向にあるのに対し，出荷制限の解除の進展などによりモニタリングの検体数が減少傾向（図 11-4）にあるためである．スクリーニングの検査員の負担が増加していることや，検査結果の99％以上が不検出であることなどから，漁業者や専門家の中には検査の簡素化を提案する者がいる．一方で，消費者への安全性のPR などの観点から検査体制の維持を主張する関係者もおり，検査体制の見直しの議論は膠着している．

§4. まとめ－現場の求める事前復興とは

中林[2]，片山[3,4]，ガイドライン[1] は，事前復興の定義（狭義・広義）の違いはあるものの，「住民参加の重要性」を強調している点は共通している．一方で，専門家による復興の提言には「いいっぱなし」が少なくなく，現場ニーズとかけ離れたものがあったとの指摘[3] や，日本水産学会で震災対応の中心となった政策委員会は地方自治体や企業との関係は必ずしも強いものではなく，他の専門委員会や地方支部の活動を通じて日常的に気楽に相談できる人間関係を作っておくことが大切との考察[21] がある．日本水産学会で事前復興検討チームを立ち上げる際には，上記を勘案したメンバー構成とすることが望まれる．

黒倉[21] は，震災からの復旧・復興に関する日本水産学会の取り組みを振り返り，「学会に対しては，水産物の放射能汚染の風評被害に対する対応，巨大防潮堤建設に対する対応などで，不十分とする声があると聞いている．実はこうした問題の対応を検討しなかった訳ではない．しかし，こうした価値観や人生観を含む問題への対応は難しい．特に，意見を集約して適切な提言などを社会に向けて発信するタイミングが極めて難しい．」とコメントしている．一方，片山[3,4] は「今後の事前復興計画に対して日本水産学会が関わるならば，政策提言は避けられない」と述べている．今後，日本水産学会においても，福島県における県振興計画の基本目標の設定（§1．2．），操業自粛海域の縮小（§2．2．）およびスクリーニング検査体制の見直し（§3．3．）のような意見が分かれる議論を実施して，ふさわしい時期に政策提言を行うことで，被災地の復旧・復興の迅速化に寄与できるものと期待したい．

中林[2] は，事前復興の究極の意義として「被災後の復興が不要となるように実践する事前復興」を挙げている．政府は，2021 年 8 月に公表した「ALPS 処理水の処分に伴う当面の対策の取りまとめ」で，まずは風評を生じさせないための取り組みに全力を尽くし，万一風評が生じたとしても，これに打ち勝ち，安心して事業を継続・拡大できる環境を整備するとしている[*6]．この考え方は，中林[2] が挙げた事前復興の究極の意義と符合する．筆者が本章を編集者に提出したのは 2023 年 6 月 29 日であり，この時点では ALPS 処理水の海洋放出は実施されていないが，今後，もし実施された場合には，上記の政府の対策によって風評を防げたか否かを検証し，今後の事前復興の策定に活用することが待たれる．

　筆者は，本章のタイトル「現場の求める事前復興」とは，「住民が参加しながら意思決定がなされたうえで，地域が被害を受けずに済む事前復興計画を策定すること」であると考える．

文　献

1) 災害に強い地域づくりガイドライン．水産庁．2023.
2) 中林一樹．事前復興の発想，復興準備から実践する事前復興へ－その意義と可能性－．復興 2016; 16: 3–14.
3) 片山知史．復興関連研究の課題と展望．日水誌 2021; 87: 539–540.
4) 片山知史．被災地における復興事業の功罪．「東日本大震災から 10 年 海洋生態系・漁業・漁村（e- 水産学シリーズ 4）」（片山知史，和田敏裕，河村知彦編）恒星社厚生閣．2022; 4: 125–146.
5) 福島県農林水産業振興計画（ふくしま農林水産業新生プラン）．福島県．2013.
6) 福島県農林水産業振興計画．福島県．2021.
7) 根本芳春，早乙女忠弘，佐藤美智男，藤田

恒雄，神山享一，島村信也．福島県海域における海産魚介類への放射性物質の影響．福島水試研報 2013; 16: 63–89.
8) 根本芳春．福島県における試験操業の取り組み．福島水試研報 2018; 18: 23–36.
9) 和田敏裕，森田貴己．福島第一原発事故による海域，淡水域における水産物の放射能汚染と漁業復興．「東日本大震災から 10 年 海洋生態系・漁業・漁村（e- 水産学シリーズ 4）」（片山知史，和田敏裕，河村知彦編）恒星社厚生閣．2022; 4: 31–52.
10) 鈴木翔太郎，榎本昌宏，守岡良晃，島村信也，神山享一，渡辺 透．緊急時モニタリングからみた漁場環境と海産魚介類の 10 年．福島水海研研報 2022; 1: 13–36.
11) 令和 4 年度福島県産農産物等流通実態調査報告書．農林水産省．2022.

[*6] https://www.kantei.go.jp/jp/singi/hairo_osensui/alps_shorisui/dai3/siryou1.pdf（2023 年 6 月 29 日 確認）

12）農林水産物を対象とした緊急時モニタリング実施方針. 福島県農林水産部. 2023.

13）検査計画，出荷制限等の品目・区域の設定・解除の考え方. 原子力災害対策本部. 2023.

14）森下大悟，根本芳春，松本 陽，和田敏裕，難波謙二. 福島県海域における海産魚介類の放射性セシウム濃度. 福島水試研報 2018; 18: 37–45.

15）総合モニタリング計画. モニタリング調整会議. 2022–2023.

16）東京電力ホールディングス株式会社福島第一原子力発電所における多核種除去設備等処理水の処分に関する基本方針. 廃炉・汚染水・処理水対策関係閣僚等会議. 2021.

17）天野洋典. 水産研究のフロントから「福島県水産海洋研究センター」. 日水誌 2020; 86: 29.

18）平成 20 年度～29 年度事業概要報告書. 福島県水産試験場. 2009–2018.

19）平成 30 年度～令和 2 年度事業概要報告書. 福島県水産海洋研究センター. 2019–2021.

20）食品中の放射性セシウムスクリーニング法. 厚生労働省. 2012.

21）黒倉 壽. 日本水産学会の取組. 日水誌 2013; 79: 438–439.

第12章 水産物地域流通の再評価と再構築の検討

副島 久実[*1]

　新たな水産基本法では，国際的な競争力強化を目的とした漁業の生産・流通構造再編が目指されているが，そこで重視される大量・広域流通にのれない小規模漁業による水産物も少なくない．海業や，浜プラン，女性グループ活動などにより，こうした水産物の商品化を可能とする土壌が整えられつつあるものの，それらは必ずしも地域流通の構築が意図されているわけではない．以上の観点から本章では，産地市場の「地域における機能」の重要性に着目し，女性グループの取り組みや地域高齢者の買い物難民問題などの具体事例を用いて，地域流通に関する研究や政策の必要性を指摘する．

§1. 問題意識

　現在，わが国が国際的な競争力強化を目的とした水産業の生産・流通構造再編を目指すなかで，特に「マーケットイン型養殖業への転換」や「輸出拡大」を政策的に強く押し出している．新たな水産基本計画においても，「大規模沖合養殖の本格的な導入を推進」し，「2030年までに水産物の輸出額を1.2兆円に拡大することを目指」すという．

　こうした動きのなかで，次のような2点を懸念している．1点目は，日本の津々浦々で水揚げされる多種多様かつ少量の水産物の商品化機会の場がますます失われるという点である．日本では，地域色豊かな水産物を水揚げし，評価し，流通し，販売するという流通業者や小売商が各地に存在し，それらをおいしく食すという食文化や消費者が各地に根付いてきた．しかし，1990年代以

[*1] 摂南大学農学部

降，強固なバイイング・パワーをもった大手量販店などによって示される，いわゆる四定条件（定時，定量，定額，定質）を満たさないこれら水産物は，大手量販店などからみて市場価値の低い水産物として扱われるようになった．こうした状況は，地域で水揚げされる少量多品目水産物の商品化の場を狭隘化させ，流通過程が漁業者の主体性を否定しながら一方的に生産過程を改変しているといえる[1]．昨今の動きは，ますますこうした改変を強めていくと懸念している．

2点目は，第1の点と関連し，グローバル化が進展するなかで，生産の現場と消費の場が遠く離れることによって，ますます生産の現場は単なる食原料供給センターにすぎなくなり[2]，漁村における暮らしが等閑視されるようになっているという懸念である．

確かに，新たな水産基本計画のなかでも地域のことを意識した記述はある．例えば，「人口減少と少子高齢化による地方の活力低下が懸念されるなか，地方創生の観点からも，漁村の活性化が重要である」[*2] といった箇所である．そこでは「漁村地域における人口減少を抑制していくため」[*3]，浜プランや海業，女性グループの起業的取り組みなどに期待し，「都市住民にとっても魅力のある漁村の創造を目指す」[*4] としている．しかし，こうした視点からは，漁村は都市部のための食原料供給センターあるいは都市住民のためのレクリエーションの場としての役割ばかりが意識されており，残念ながら水産業の観点からみた「地域住民」や「地域の暮らし」をどうするのかといった視点が見えてこないのである．

翻って，あらためて地域漁業と地域の暮らしの関係をみてみると，地域流通によって，地域の生産と消費を結びつけ，支えあう状況を構築できるようになるのではないかと考える．現在のような国際的な競争力を備えた漁業（特に養殖業）を担い得るような効率的かつ安定的な経営体を育成し，輸出拡大に向けた流通合理化など，グローバル化に対応した国際的な競争力強化を目的とした

[*2] 水産基本計画 . 2022: 37.

[*3] 水産基本計画 , 2022: 37.

[*4] 水産基本計画 , 2022: 37.

水産業の生産・流通構造再編を目指す政策体系下では，そこから排除されてい
く中小産地や小規模・零細漁業者が少なくない．こうした背景のなかで，グ
ローバル市場再編に主体的に対応する力量をもった地域的な生産−流通−消費
のネットワーク，すなわち地域流通を見直すことが重要なのではないか[3]．そ
して地域流通は，地域の生産，加工，流通，消費を結びつけ，それが漁村独特
の水産物資源・労働資源・観光資源などの地域資源の活用手段としても機能し，
漁村経済の一定の役割を担い得ると考えられる[4]．高齢化や過疎化など漁村の
脆弱化および空洞化が進行するなかで，漁村を再構築するためには，今まさに
地域社会を支える地域経済循環を地域内部で構築することが重要であると考え
る[5]．

　以上のような問題意識から，ここでは水産物の地域流通を再評価と再構築の
必要性について検討することを通じて，国際的な競争力強化とは異なる，利益
を上げることだけが漁村の暮らしやすさにはつながるわけではないというオー
ルタナティブな視点を提示できたらと思う．ただし，本章は，これまで筆者が
研究発表してきた素材をもとにとりまとめているため，事例の情報などは発表
当時のものであることをお断りしておく．

§2. 産地市場の2つの機能

1. 産地市場の「基本的機能」

　地域流通をみるうえで重要なものの一つに，産地市場がある．水産物の産地
市場については，統一された定義づけが行われていない．しかし，産地市場の
数を把握する際に通常用いる漁業センサスの魚市場の定義では「過去1年間
に漁船による水産物の直接水揚げがあった市場及び漁船による直接水揚げがな
くても，陸送により生産地から水産物の搬入を受けて，第1次段階の取引を
行った市場をいう」とされているように，第1次段階の取引が行われている
か否かが重要視されている．

　産地市場の「基本的機能」は，表12-1のように整理できる[6]．第1に，
鮮度・品質の保持が困難であり，季節的で多種多様・無規格・無定型・量目も
日々不安定な水産物の商品化の場であること[7]，第2に，一次的価格形成に
よって漁業者に漁業収入と生産の継続を保障すること[8]，第3に，多数の生産

表 12-1　水産物の特徴と産地市場の「基本的機能」

	水産物（特に鮮魚）の特徴	産地市場の「基本的機能」	
商品特性	非規格性 腐敗性・破傷性 多様性	品質（規格）調整 迅速な価格形成 品揃え調整	① 消費地への量的・質的安定供給を達成する ② 販売の偶然性を緩和し，的確・迅速な価格形成による商品化といった漁業者へのメリットを供与する
供給の特徴	不安定性 零細性・分散性	需給調整・価格安定 需給結合	
需要の特徴	鮮度要求の高さ 利用の多用途性	迅速な価格形成と輸送 仕分け先振り分け	

出典：副島・矢野（2006）[6]より引用．

者の水産物の集荷とそれを分散的な消費へ分荷すること[9]などである．これらは，水産物の商品特性や需給の特徴に規定される産地市場の「基本的機能」といえる[6]．なかでも，「消費地への量的・質的安定供給を達成する」機能が重要視され，産地市場は，全国に多数分散する消費地市場への供給拠点として期待されてきた．

　しかし，そうした期待とは裏腹に，産地市場の「基本的機能」の低下が指摘され続けている．そのため，新たな水産基本計画においても，「我が国水産業の競争力強化を図るため，市場機能の集約・効率化を推進し，水揚物を集約すること等により価格形成力の強化を図る」として，水産物の流通拠点となる漁港や産地市場において「高度な衛生管理や省力化に対応した荷捌き所，冷凍・冷蔵施設等の整備を推進する」とあるように，現在もなお，消費地への量的・質的安定供給を達成できる産地市場を選別し，それらに対する施設整備が推進されようとしている．つまり，産地市場の評価は「基本的機能」を重視して行われているため，市場統合の議論の際には，「基本的機能」を発揮できない市場は淘汰の対象とされる．

2．産地市場の「地域における機能」

　産地市場には「基本的機能」だけでなく「地域における機能」もある[8]．一般的には価値ある魚種としては評価されないような雑魚類でも，地域性のある食材として高価格で商品化することを可能とする機能のことである．これまで

産地市場の「地域における機能」の十分な検討は欠落してきた．しかし，この点を検討することは，中小産地や小規模・零細漁業者が多く，漁獲される水産物が大量・広域流通に対応することが困難な少量多品目であるという日本の水産業の基本的特質を踏まえた今後の流通再編を展望するうえで，重要な視点であると考える[6]．

　こうした産地市場の「地域における機能」の代替として役割を果たし，高齢化や過疎化の進む漁村を再構築し，地域社会を支える地域経済循環を地域内部で構築しようとしてきた事例の一つが（株）三見シーマザーズである．そこで，以下では2014年に発表した論文[10]を引用し，（株）三見シーマザーズの事例をみてみる．

§3. 漁村女性起業グループ（株）三見シーマザーズの事例 ─────
1. 活動のきっかけと内容

　（株）三見シーマザーズは山口県萩市三見地区の漁協女性部活動から始まった．萩市には，「山口県漁業協同組合」の「はぎ統括支店」の下12支店あり，そのうちの一つが三見支店である．萩地区内の漁協がそれぞれ開設していた7つの卸売市場が2002年に廃止・統合され，「山口はぎ水産物地方卸売市場」が新設された．新市場の開設に先行し，県漁連冷蔵庫や道の駅など，諸施設が整備された．

　三見地区は，萩市の中心部から約10 km離れている．三見地区の世帯数は599戸，人口は1,334人（2014年），高齢化率が46％を超える．主な漁業は定置網，沖建網，小型底曳網などで，これらの漁業種類は少量多品種の魚が水揚げされることに特徴がある．合併前の三見漁協が開設・卸売していた産地市場は，こうした少量多品種水産物の商品化機会の場として機能していた．しかし，大型化した新市場では，三見地区で水揚げされた魚の市場価値が低くなったという．

　一方，地域の高齢者の割合が高まるなかで，漁協女性部は地域に暮らす高齢者向けの食事会を1996年から月1回のペースで開催し始め，2002年からは社会福祉協議会と連携し，毎月1回のペースで高齢者と漁協女性部メンバーがふれあうイベント「いきいきサロン」を開始した．このなかで，三見に暮らす

高齢者にとって，毎日の食事づくりや買い物に大きな不自由があることに気づく．同時に，既述のように新市場では三見地区で水揚げされる魚にほとんど値がつかなくなっていたため，こうした魚を加工して販売すれば漁家の収入の足しになり，それらを使った弁当を高齢者宅に配達すれば地域福祉にも貢献できると考え，出資者を募り，三見シーマザーズを結成し，地元の魚や野菜を使った惣菜加工と高齢者への弁当宅配を開始した．

　活動を続けるなかで，地域に道の駅「さんさん三見」が作られることになり，道の駅内にある食堂経営も行うことになり，2010 年 4 月に食堂を開店した．売上が増加したことから，2010 年 8 月に，シーマザーズのメンバー 5 人で 1 口 5 万円の出資を行い，設立時資本金 25 万円で株式会社化を行った．2014 年時点では，食堂部門（18 人），道の駅内に設置されている魚売場部門（2 人），惣菜加工部門（9 人）に分かれ働いていた[*5]．2014 年当時は，メンバーの中には男性や，漁家世帯だけでなく，農家や農漁家以外の三見地区住民も多く，漁業関係者以外も広く活動に加わっていた．そして，一人暮らしのメンバーもおり，独居世帯にとって貴重な収入確保の場となっていた．

2. シーマザーズの特徴

　シーマザーズの特徴としては，次の 5 点が挙げられる．第 1 に，地域の水産物資源や労働資源を活用し，地域の生産－加工－流通－消費を結びつけることにより，漁村経済の一定の役割を担っていることである．高齢化や過疎化など，漁村の脆弱化および空洞化が進行するなかで，漁村を再構築するためには，地域社会を支える地域経済循環を地域内部で構築することが重要であるが[5]，シーマザーズはこうした課題に応えようとしているといえる．

　第 2 に，多くの漁村女性起業グループでは，漁家女性に限定してメンバーとしているケースが多いが，シーマザーズは，漁家女性ではない女性たちも雇用することで，地域での雇用を生み出すという重要な役割を果たしている．さらに，「漁村」での暮らしの課題というと，主に漁業関係者だけのものと捉え

[*5] その後，代表がお亡くなりになったり，コロナ禍があったりするなかで，体制は大きく見直されているものと思われる．

第 12 章　水産物地域流通の再評価と再構築の検討　*151*

られがちであるが，シーマザーズによってそれらの課題を広く「地域」住民で
共有する機会をもたらしていることである．このように，たとえ漁業とは関係
ない立場であっても，その地域（漁村）で日々生活している人々が，自分たち
にも関わる暮らしの課題だと気づき，ともに「地域社会を意識的に再生産する
活動」[11] に携わることは，これからの地域づくりにとって非常に重要な点で
あると思われる．

　第 3 に，実働部隊や出資者に地域の男性たちも巻き込んでいることである．
漁村女性活動の多くは，男性が参入しない性別役割分業の枠内で収まっている．
しかし，本事例のように男性も実働部隊として漁村女性起業活動に参加するこ
とは，「漁村女性起業」の段階から地域で暮らす女性と男性が協同で取り組む
「地域起業」の段階へと発展する可能性を秘めているといえる．

　第 4 に，多くの漁村女性起業グループは，60 歳代やそれ以上の世代が中心
となっている場合が多く，後継者問題について指摘されることがある[*6]．しか
し，シーマザーズは，「働く場所がない若い人たちが地域外に働きに行くのは
仕方がない．しかし，そういう人たちが定年退職後，三見に戻ってきた時に働
ける場所，地域に帰ってきた高齢者たちが働ける場所になることが目標」とし
ている．これは，組織のあり方について，「若い人がいなければいけない」と
いった視点ではない，新しい視点をもたらしうるものであるといえる．

　第 5 に，これも組織のあり方に関わる点だが，利益が第一義ではなく，そ
こでの暮らしを第一義に考えるシーマザーズという株式会社の考え方やあり方
が，利益をあげることを第一義として経営をすすめる一般の株式会社に対して，
オールタナティブな視点をもたらす可能性も考えられる．

§4. 漁村女性起業グループ・シーフレンズふたみの事例 ━━━━━━

　利益をあげることを第一義としてとらえない経営という視点からは，「シー
フレンズふたみ」の取り組みも参考になるので，2019 年の論稿を引用する[13] [*7]．

[*6] 起業グループの後継者問題については，農村女性起業においてもたびたび指摘されている[12]．
[*7] シーフレンズふたみは 2023 年 5 月に閉店し，現在は不定期でマルシェなどを行っているよう
である．

山口県下関市豊北町に，海辺の小さなレストラン「シーフレンズふたみ」がある．地元の二見地区の活力低下や漁村の崩壊を危惧した10人の元・漁協女性部員（漁協女性部すらなくなった）有志が出資しあい，木曜日から日曜日に営業している．

食材は地産地消をモットーに全体の8割以上を山口県産のものを使っている．とにかくお客様に喜んでほしいとサービス満点の「ふたみランチ」は大人気メニューの一つである．1日の平均客数は約70人で，日曜日は120人にものぼる．下関市内や北九州からの客も多いが，二見地区の高齢者たちも常連客で，高齢者たちの交流の場所となっている．

ここでは，メンバー個人の事情で休みはとれるが，基本的に「店を開けるときはメンバー全員で店に立つ」というリーダーのポリシーがある．経営面から考えるとシフトを組み，いかに人員を減らしながら効率的に回すかということが重要で，行政からのそのような指導もしばしばあるという．しかしここでは，メンバー（主に高齢者）にとって，ここで働くことが生きがいであり，生活の張り合いになっているという．それを店の経営効率だけのために人員配置をしたくないとリーダーは言い切る．

このことは，SDGsの目標3（あらゆる年齢のすべての人々の健康的な生活を確保し，福祉を促進する）や目標8（すべての人々の完全かつ生産的な雇用と働き甲斐のある人間らしい仕事を促進する）にも大きくつながると考えられる．経済的な観点からばかり物事を計りがちな新たな水産基本法や昨今の水産政策に対して，多くの視点を提供できる事例である．

§5. 漁協による移動販売の事例

1. 食品アクセス問題の社会問題化

現在，高齢化や単身世帯の増加，地元小売業の廃業，既存商店街の衰退などにより，過疎地域だけでなく都市部においても，高齢者などを中心に食料品の購入や飲食に不便や苦労を感じる人々（いわゆる「買い物難民」「買い物弱者」「買い物困難者」）が増えてきており，「食品アクセス問題」として社会的な課

題となっている*8. また，昨今の新型コロナ禍の生活や世界の政治情勢が不安定ななかで，地域内で食料が生産され，それらが地域流通によってその地域の消費者に消費される状況を再構築することが，食料確保の観点からも重要であること，つまり地域流通の機能が再認識されているところである．

こうした地域で生産されたものを地域の買い物困難者に供給する取り組みとして，漁協による移動販売の事例があった．「あった」と書いたのは，残念ながら事業の採算が合わず，当該漁協が事業から撤退したからである．しかし，民間事業者独自の取り組みとして，移動販売車の導入・運営は増加傾向にある*9. 民間事業者は漁村やへき地でも事業を展開するのか，しないとなれば地域組織の主体である漁協が取り組む可能性が考えられるが，どうすれば事業を継続できるようになるのか，こうした点も今後必要な研究であると考えるため，ここでは，山口県漁協が取り組んでいた移動販売車の事例について，2018年の報告書[14] を引用して紹介しておく．

2. 山口県漁協萩統括支店による移動販売の取り組み

先述したように，山口県萩市では，7つの産地市場を統合した結果，産地の仲買人は激減し，小売業者の廃業も進み，地元消費者，なかでも特に車を運転できない高齢者にとっては，地域にある魚屋までの店舗にすら行くことが困難となり，地元の水産物を購入する機会が激減している[15]. このように産地であるにも関わらず地元の魚が流通しない，地元消費者が入手できないという問題への対応策として，2015年に漁協が補助事業を受けて，地域で移動販売を導入した事例である．

販売していた商品は，地元で水揚げされるアジやイカなどを中心として，鮮魚・刺身が3〜4割，高齢者向けに販売することを念頭においている事業のため，鮮魚だけでなく三枚おろし，刺身，にぎり寿し，干物加工などに処理加工

---

*8 農林水産省ホームページ．食品アクセス（買い物弱者等）問題の現状について．https://www.maff.go.jp/j/shokusan/eat/access_genjo.html（2023年7月16日アクセス）
*9 農林水産省ホームページ．食品アクセス（買い物弱者等）問題の現状について．https://www.maff.go.jp/j/shokusan/eat/access_genjo.html（2023年7月16日アクセス）

し，パック詰めにしたもの2割．おおよそ15種類ぐらいの水産物の品ぞろえであった．加えて，先述の（株）三見シーマザーズが製造する惣菜類や菓子・パンなども扱っていた．一人暮らしの高齢者が多いことから，丸ものの魚よりも刺身やしらすパック，（株）三見シーマザーズの惣菜などが人気であった[15]．

しかし，既存の水産物販売業者と販売先がバッティングしないよう配慮したルートにしていたため，思うように販売ルートを構築できず，売り上げが伸びなかった．とはいえ，漁村であっても漁師であった夫が漁を引退した途端に魚がまったく手に入らなくなったという高齢女性が移動販売車に魚を買いに来ていたり，県外に住む子どもたちに魚を送ってあげたいと移動販売の運転手に魚の注文をしている客や，移動販売車が到着したことを知らせる音楽を聴きつけて足の悪い高齢者がトラックのところまで杖をつきながら必死に歩いて買い物にやってきていた（いずれも江崎地区での観察）ことから，地域内に確実に需要はあるとみられる．

また，いつも買いに来ていた高齢者がパタリと姿を見せなくなることもよくある．そのような時には移動販売車の販売員が，他の常連客にその高齢者はどうしているのかと尋ね，情報を収集していた．つまり，一人暮らしの高齢者にとっては移動販売によって漁協に安否確認してもらえることにつながっていた．

こうした事例は，漁村や中山間地域における買い物難民対策として，そして地域の水産物と消費者の接点を創り出そうとする取り組みで評価できるものであった．どうしたらこのような需要を掘り起こし，事業を継続させることができるのか．経済的側面のみならず，社会的，政策的な側面からも方策を検討しなければならない．

§6．現場と政策の乖離を埋めるために必要な研究

以上，いくつかの事例を通じて，水産物の地域流通を再評価と再構築の必要性について抽出してきた．また，現在，国が志向する国際的な競争力強化とは異なる，利益をあげることだけが漁村の暮らしやすさにはつながるわけではないというオールタナティブな視点を提示することができたと思う．

新たな水産基本法では，漁村活性化や海業という視点も盛り込まれているが，どちらかというと都市住民へのアプローチという側面が強い．それは，漁村を

食料供給産業・産地としてしかみていないことにつながりかねない．漁村の暮らしとそこにおける人々を視野に入れた政策や研究が必要である．現在の主政策である資源管理によって魚は残った，しかし，そこでの人々や暮らしは残らなかった，という事態は避けるべきである．また，現在は，食の安全保障の観点から，農業分野[16] や世界[17] においても，地域流通の再評価と再構築が喫緊の課題と捉えられている．日本の水産分野においても，こうした研究や政策が必要であり，地域流通政策としての体系性を構築していく研究も必要であると考える．

文　献

1) 副島久実，三木奈都子．漁業者・漁協による流通・販売への接近からみる地産地消型流通の展望－山口県内の動きから－．漁業経済研究 2017; 61（1）: 79.

2) 中島紀一．「食」と「農」のあり方をめぐる動向．協同組合研究 2003; 23（1）: 6–16.

3) 臼井晋．「農業市場の基礎理論」北方新社．2004.

4) 副島久実．市場再編下における水産物地域流通の意義に関する研究．博士論文，広島大学，2006.

5) 岡田知弘．農村経済循環の構築．「日本農村の主体形成」（田代洋一編）筑波書房．2004; 55–90.

6) 副島久実，矢野泉．瀬戸内海沿岸地域における小規模水産物産地市場の存立意義．農業市場研究 2006; 15（1）: 20–30.

7) 廣吉勝治．変容する水産物の需給・流通構造．「新海洋時代の漁業」（長谷川彰，廣吉勝治，加瀬和俊編）農山漁村文化協会．1988; 69–129.

8) 廣吉勝治．水産物卸売市場の現状と課題．「現代卸売市場論」（日本農業市場学会編）筑波書房．1999; 193–210.

9) 長谷川彰．水産物流通機構の形態と性格．漁業経済研究 1979; 24（3/4）: 92–116.

10) 副島久実．漁村のくらしの向上と「小さな協同」－漁村女性起業グループの活動展開と可能性－．協同組合研究 2014; 34（1）: 21–30.

11) 岡田知弘．「地域づくりの経済学入門」自治体研究社．2005.

12) 齋藤京子．農村女性起業の可能性と不確実性．JA 総研レポート 2010; 13: 13–21.

13) 副島久実．漁村女性グループ（シーフレンズふたみ）の取り組みから見る SDGs．月刊 JA 2019; 777: 32–33.

14) 副島久実．平成 29 年度流通促進取組支援事業事例集報告書．山口県漁業協同組合．2018; 97–103.

15) 副島久実．第 9 章 2010 年前後からの水産物流通・消費政策の展開と特徴．「農政の展開と食料・農業市場」（小野雅之，横山英信編）筑波書房．2022; 154–168.

16) 西山未真．フードポリシーに基づいてローカルフードシステムを形成するための現行基本法改正に必要な視点．農業市場研究 2023; 32（3）: 39–51.

17) 地域圏フードシステム－フランスを手がかりに，都市の食を構築しなおす．「農業と経済」（『農業と経済』編集委員会編）英明企画編集株式会社．2021; 87（6）.

第13章　ブルーカーボンを活用した水産業からの気候変動対策と社会実装

堀　正和[*]

　国内外でブルーカーボンへの注目が高まるなか，農林水産省では2021年5月「みどりの食料システム戦略」を策定し，このなかで新たなCO_2吸収源としてブルーカーボンの追求が掲げられた．2020年度開始の農林水産省・農林水産技術会議プロジェクトでは，わが国の温室効果ガスインベントリに藻場（海草・海藻）を登録するためのCO_2吸収量算定手法が構築された．加えて，海洋での吸収源増大の切り札となる海藻養殖を拡大するため，新しい水産基本計画を背景に，民間企業と漁業者の連携が進められている．2020年からは国土交通大臣認可によるブルーカーボン・オフセット制度も始まった．脱炭素社会の構築にブルーカーボンがどのように貢献していくか，取り組み事例を増やし検証していくことが求められている．

§1. はじめに

　気候変動の影響が深刻化するなか，持続可能な発展への社会変革に向け，脱炭素社会と資源循環型社会の構築を主軸にした取り組みが国内外で進められている．国連気候変動枠組条約第26回締約国会議では，気候変動の緩和策・適応策の両側面が期待できるアプローチとして，NbS（Nature-based Solutions）と呼ばれる，自然生態系を活用した課題解決の取り組みが注目を浴びるようになった[1]．豊かな自然資本とその生態系サービスが費用対効果の高い基盤となり，環境・社会・経済の各方面で同時に持続可能性を高めることができるためである．

---

[*] 国立研究開発法人水産研究・教育機構

この分野の政策検討を先導する IPBES（生物多様性及び生態系サービスに関する政府間科学－政策プラットフォーム）と IPCC（気候変動に関する政府間パネル）の合同ワークショップでは，気候変動対策と生物多様性保全は相互依存する目標であり，NbS などがコベネフィット性の高い統合的アプローチとして有効であることが確認された[2]．このような国連ベースの議論の進展により，自然生態系を用いた気候変動対策が本格化しようとしている．

海洋分野においても，気候変動対策への機運が高まっている．2018年には海洋国家の首脳で構成される「持続可能な海洋経済の構築に向けたハイレベル・パネル」が立ち上げられた[3]．このハイレベル・パネルが 2019 年に公開した報告書「気候変動の解決策としての海洋」では[4]，パリ協定の目標：地球温暖化を 2.0℃ 以下に抑えるために 2050 年までに削減すべき温室効果ガスのうち，25％を海洋での気候変動対策で達成できるとし，その達成に必要な 5 つの主要アクションを挙げている（図 13-1）．すなわち，①再生可能エネルギー（洋上風力・波浪・潮流発電など）の導入拡大，②海上輸送の脱炭素化，③ブルーカーボン生態系の保全・再生，④漁業・養殖振興と脱炭素化，⑤海底

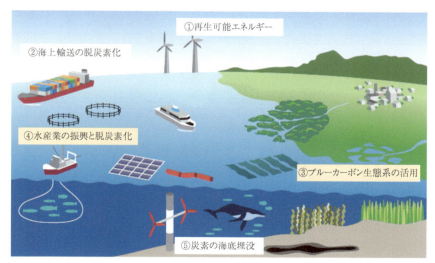

図 13-1 海洋における気候変動対策としての 5 つの主要アクション（Hoegh-Guldberg et al.（2019）[4] を改変）

への人工的な炭素埋没，各アクションにおける 2030 年，2050 年での潜在的な緩和効果が試算されている（表 13-1）．2030 年時点での試算結果では，③および④のアクションの潜在的効果が高く，その即効性が期待されている．

　漁業・養殖振興に関するアクションでは，漁船の動力・燃料改良，養殖業における餌料改良，海藻養殖の振興などによる CO_2 排出削減効果が試算されている．そして最も効果が高い CO_2 排出削減として，CO_2 負荷の高い陸上のタンパク源（牛肉・羊肉など）から負荷の低い海洋タンパク源（魚介類）への食料転換の効果が説明されている．陸域では森林伐採による牧畜など，吸収源と食料生産のトレードオフの影響がしばしば懸念される一方（IPCC 2019），漁船漁業や海面養殖での相対的な CO_2 負荷の低さが注目されている[5]．生産時にかかる可食部 1 t あたりの CO_2 排出量を比較すると，漁船漁業では沖合・遠洋まで出漁するマグロ・カツオやサケ・マス漁業の排出量ですら平均値で養鶏の 80 ～ 90%（1 ～ 2 割減），二枚貝養殖に至っては養鶏の 20% 程度の CO_2 排出量（8 割減）との試算もある．

　ブルーカーボン生態系は，藻場・干潟をはじめ，マングローブ林や塩性湿地といった海洋大型植物を基盤とする沿岸海洋生態系が該当する．これらの生態系は高い生物生産と生物多様性により，様々な生態系サービスを有することが知られてきた[6]．特に水産分野においては，水産資源の育成場として，水質浄化など沿岸環境を維持するグリーンインフラとして，また食料生産を行う漁場

表 13-1　海洋における気候変動の緩和と持続可能な海洋経済の発展に向けた 5 つのアクション別の潜在的な緩和効果の試算値（Hoegh-Guldberg *et al.*（2019）[4] を改変）

海洋での気候変動対策の領域	2030年での緩和試算値 （GtCO$_2$E／年）	2050年での緩和試算値 （GtCO$_2$E／年）
①再生可能エネルギー	0.18−0.25	0.76−5.40
②海上輸送の脱炭素化	0.24−0.47	0.9−1.80
③ブルーカーボン生態系の活用	0.32−0.89	0.50−1.38
④水産業の振興と脱炭素化	0.34−0.94	0.48−1.24
⑤炭素の海底埋没	0.25−1.00	0.50−2.00
総計	1.32−3.54	3.14−11.82
1.5℃上昇シナリオへの寄与率	4−12%	6−21%
2℃上昇シナリオへの寄与率	7−19%	7−25%

として古来より管理されてきている[7]．つまり，気候変動対策としてのブルー
カーボン生態系の維持・拡大は，同時に食料生産や他の生態系サービスをも向
上させることにつながる．これは，高いコベネフィットが発揮される NbS の
典型的な事例といえよう．ハイレベル・パネルの報告書ではブルーカーボン生
態系を保全する効果，および再生・拡大する効果について試算されているが，
知見不足で試算に含まれなかったコベネフィットの効果についても，今後評価
がなされていくことになる．

　このようなブルーカーボン生態系の特徴から，食料生産と吸収源の両立がで
きる藻場やその構成種である海藻類への関心が高まり，欧米諸国においても海
藻養殖が実施されるようになった[8]．世界第 1 位（年間約 2,500 万 t 乾燥重量，
2019 年）の海藻養殖生産を誇る中国でも，海藻養殖の CO_2 吸収源としての価
値が見いだされ，気候変動対策に組み込まれるようになった[9]．国内でも，
2020 年に策定された政府の「革新的環境イノベーション戦略」において，農
林水産業分野の吸収源としてブルーカーボンを追求することが明記された[10]．
ここでは 4 つの技術開発目標，1．効率良く海中の CO_2 を吸収する海藻類など
の探索と高度な増養殖技術の開発，2．海藻類などを新素材・資材として活用
するための技術開発，3．藻場・干潟などにおける CO_2 吸収量推計手法の開発，
4．藻場・干潟造成・再生・保全技術の開発・実証，が掲げられた．このうち，
目標 3 および 4 に該当する技術開発研究として，2020 年度より農林水産省・
農林水産技術会議「農林水産研究推進事業委託プロジェクト研究プロジェクト
研究：脱炭素・環境対応プロジェクト：ブルーカーボンの評価手法及び効率的
藻場形成・拡大技術の開発（JPJ008722）」が実施されている．ブルーカーボン
をわが国の温室効果ガスインベントリ報告書へ登録する一助とするため，温室
効果ガスインベントリ算出の国際的方法論である IPCC ガイドラインの方法論
にのっとって，海草・海藻藻場の CO_2 吸収量評価手法が考案された．海外で
も海藻類の CO_2 吸収源としての有効性について検証事例が増えてきており[9, 11]，
海藻類を利用する文化，研究事例を多く有するわが国からの発信に期待が寄せ
られている．

§2. 藻場によるCO₂吸収

地球上には海洋の被子植物である海草類（アマモの仲間）が約 60 種，海藻類が約 2 万種存在するといわれ，そのうち国内には海草類が約 15 〜 20 種，海藻類が約 1,500 種分布している．先述した農林水産技術会議プロジェクトでは，各種の生活史や分布域，CO_2 吸収プロセスの類似性からこれらの種を 17 の藻場タイプにまとめ，タイプ別に CO_2 吸収量の評価を行うことにより，どの種でも算定を可能にしている（表 13-2）．自国の温室効果ガスインベントリに登録する場合は，IPCC ガイドラインに準拠した算定が必要であるが，2014 年に公開された IPCC 湿地ガイドラインでは海草のみ含まれている．そこで，藻場タイプ別算定手法は，IPCC 湿地ガイドラインに準拠しつつ，海草に加えて海藻も対象とした独自の算定手法として考案されている[12]．ただし，

表 13-2　農林水産技術会議プロジェクトにおける藻場タイプの分類

	藻場タイプ	各藻場タイプに含まれる 主要な海草・海藻種
海草類	1. アマモ型	アマモ，スゲアマモ，コアマモなど
	2. タチアマモ型	タチアマモ
	3. スガモ型	スガモ，エビアマモなど
	4. 亜熱帯性海草小型	ウミヒルモ類，マツバウミジグサなど
	5. 亜熱帯性海草中型	リュウキュウスガモ，ベニアマモなど
	6. 亜熱帯性海草大型	ウミショウブ
海藻類	7. マコンブ型	マコンブ，ホソメコンブ，ミツイシコンブなど
	8. ナガコンブ型	ナガコンブ，スジメ，アイヌワカメなど
	9. アラメ型	アラメ，サガラメなど
	10. カジメ型	カジメ，クロメなど
	11. ワカメ型	ワカメ，ヒロメなど
	12. 温帯性ホンダワラ型	アカモク，ホンダワラ，ノコギリモクなど
	13. 亜熱帯性ホンダワラ型	ヒイラギモク，ラッパモク，ヤバネモクなど
	14. 小型緑藻型	ヒトエグサ，アナアオサ，ミルなど
	15. 小型紅藻型	マクサ，ツノマタ，スサビノリなど
	16. 小型褐藻型	アミジグサ，ヒバマタ，ヤハズグサなど
	17. 石灰藻類	無節石灰藻類，有節石灰藻類
養殖	18. コンブ類養殖型	マコンブはえ縄方式など
	19. ワカメ類養殖型	ワカメはえ縄方式など
	20. ノリ類養殖型	ノリ網浮き流し式，支柱式など
	21. ホンダワラ類養殖型	アカモクはえ縄式など

第13章　ブルーカーボンを活用した水産業からの気候変動対策と社会実装　*161*

インベントリ報告書に向けた算定だけでなく，地域での藻場再生活動，漁業活動や産業活動に付加した吸収源対策など，地先での取り組みによる CO_2 吸収量の算定も考慮した算定手法とするため，17タイプとは別に海藻養殖を4タイプ加えた算定手法として公開されている[13]．

　IPCC 湿地ガイドラインに準拠した CO_2 吸収量の算定では，ブルーカーボン生態系の作用により，大気−海洋間で排出・吸収する CO_2 量を計算する．一般に，大気−海洋間における CO_2 ガス交換過程では，大気中の CO_2 分圧と海中の溶存 CO_2 分圧に差が生じたとき，分圧の高いほうから低いほうへ CO_2 が取り込まれる．したがって，藻場や海藻養殖が大気中 CO_2 の吸収源となるためには，大気中の CO_2 分圧より海中の CO_2 分圧を低くすることが必須である．海草・海藻類が光合成により海中の CO_2 を取り込み，その分圧を下げることで，大気から CO_2 が吸収される仕組みが吸収源となる所以である．

　ただし，陸上の森林などと異なり，海草・海藻類そのものが CO_2 の貯留庫とはならない．藻場による CO_2 吸収量を算定するためには，「海草・海藻類が光合成によって有機炭素化する大気中の CO_2 量」「海草・海藻類が CO_2 から作り出した有機炭素のうち，分解されずに長期間海中に貯留される割合」「対象とする藻場タイプの面積」の3つのパラメータが必要となる．このうち，最初の2つのパラメータをかけ合わせたものを "吸収係数" と呼ぶ．この "吸収係数" と「対象とする藻場の面積」から，対象とする藻場・海藻養殖施設の CO_2 吸収量（CO_2 t／年）を算出することになる．吸収係数のうち，第2項のパラメータは "残存率" と呼ばれ，一般的に4つの CO_2 貯留プロセスでそれぞれ残存率が定義される（図 13-2）．藻場を形成する海洋植物は，森林のように 100〜数千年スケールで自分の体（有機炭素）にした CO_2 を貯留せず，これらのプロセスを介して CO_2 を海中に長期間貯留することになる[14]．そのため，藻場の CO_2 吸収量は CO_2 貯留量とも呼ばれる．

　第1の残存プロセスは，アマモ場など砂泥底（堆積物）にできる藻場において，藻場の立体構造によって水流が弱められ，海草・海藻の枯れた葉，水塊を漂う有機物などが藻場内へ堆積物と一緒に堆積し，海底に閉じ込められていく作用である（堆積貯留）．瀬戸内海のアマモ場では，5千年以上の長期スケールで貯留されている例もある[15]．

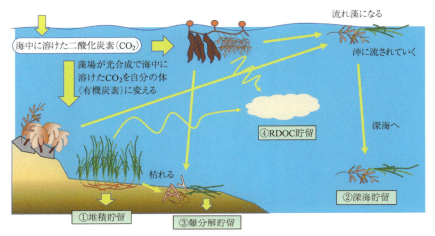

図 13-2　沿岸浅海域における 4 つの炭素貯留プロセス

　第 2 のプロセスは，海草・海藻類の葉が藻場から流出して流れ藻になり，またその破砕された粒状物が沖合に流れていき，大陸棚を過ぎて深海まで輸送される作用となる（深海貯留）[16, 17]．深海に到達した有機炭素は，分解されたとしても，その CO_2 が再び海表面に達するまでには数千年かかるため，長期間炭素を貯留していることになる．

　第 3 のプロセスは，藻場から流れ出た粒子状の有機炭素が分解されながら流れていき，深海に落ちず，最終的にどこか藻場外の浅い海底に難分解性の懸濁態有機炭素が堆積する作用である（難分解貯留）．浅海域では易分解性の有機炭素は分解が進むため，最終的に長期間分解されない難分解性の有機炭素のみ残ることになる．

　第 4 のプロセスは，海草・海藻類が成長過程で体表面から分泌する溶存態の有機炭素である[18]．最近の研究によりその溶存態有機炭素には難分解成分が含まれることが解明され，この難分解性溶存態有機炭素（RDOC）による貯留作用になる（RDOC 貯留）．溶存態の有機炭素は海草・海藻が成長する際に放出されるため，このプロセスによって，成育後に食料として収穫する（大気中 CO_2 に戻る）海藻養殖も，吸収源としての算定が可能になる．

第 13 章　ブルーカーボンを活用した水産業からの気候変動対策と社会実装　*163*

§3. ブルーカーボンの社会実装

　CO_2 吸収源となる植物の一次生産を扱う農林水産業では，CO_2 吸収源の拡大が可能であり，その拡大分をクレジットなどとして他の産業分野の CO_2 削減に貢献させることも重要になる．その貢献により得た対価をさらなる CO_2 吸収源の拡大へ用いることで，社会全体としての CO_2 削減を推進し，かつ農林水産業の持続可能性を向上させることが期待されている．ブルーカーボン生態系による CO_2 吸収源構築に関わる社会での取り組みを支える仕組みとして，2020 年 7 月には国土交通大臣認可によるジャパンブルーエコノミー技術研究組合（以下，JBE と略記）が設立された [19]．ブルーカーボンを含む海洋生態系の保全，再生などに役立つ事業の活性化，その技術（方法論）の研究開発について，異なる分野・立場の研究者，技術者，実務家など，行政だけでなく研究者や企業が密に連携できる場を提供することを目的としている．さらに JBE では，2020 年度よりブルーカーボン・オフセット制度（クレジット認証・証書発行・公募実施などの制度運営）の試行が開始されている．この制度で発行されるクレジットは「J ブルークレジット」と呼ばれる．既存のカーボンクレジットとして J－クレジット制度があるが，J－クレジットはわが国の温室効果ガスインベントリに登録されたものを対象としているため，ブルーカーボン生態系は 2023 年の段階では対象外である．しかしながら，2021 年度 2 月の瀬戸内海環境保全特別措置法の改正に見られるように，環境省においても藻場の温室効果ガス吸収源としての役割に関心が高まってきている．また，2023 年からはブルーカーボン生態系のうちマングローブ林のわが国の温室効果ガスインベントリへの登録が開始され，その算定が実施されている．2023 年は，§2. で説明した方法論と算定手法を用いて日本全国の吸収係数などのパラメータが掲載されたガイドブックが公開され [13]，その数値を用いて 2024 年にはわが国の温室効果ガスインベントリに海草・海藻藻場が吸収源として世界で初めて計上された．今後，クレジット制度を使ったブルーカーボンの活用がどのように社会実装されていくか，注目していく必要がある．

　2050 年までの農林水産分野の政策の主軸となる「みどりの食料システム戦略」でも，ブルーカーボンによる CO_2 固定化が掲げられており，その推進が始まっている．この固定化の意味は，吸収源としての機能のみを指すわけでは

ない．海藻などのバイオマス活用が海藻養殖や天然藻場の拡大を促進し，吸収源機能の向上や食料の確保を加速させる取り組みなども含まれることになろう．先述した海洋国家の首脳陣が集うハイレベル・パネルの報告書では，IPCC の湿地ガイドラインに含まれていなかった海藻類の CO_2 吸収源効果については知見不足で試算値に含めず，代わりに海藻養殖を拡大し，CO_2 排出の大きい製品の代替として海藻由来製品を使う効果，あるいは新規の CO_2 排出の小さい製品として使う効果が試算されている[4]．つまり，バイオマス活用によるブルーエコノミーの推進が期待されている．これも，海藻がブルーカーボン生態系として期待されていることを示唆する内容である．

§4. おわりに

即効性が期待されるブルーカーボンによる気候変動対策の社会実装には，先述した「革新的環境イノベーション戦略」における目標1. 効率良く海中の CO_2 を吸収する海藻類などの探索と高度な増養殖技術の開発，および目標2. 海藻類などを新素材・資材として活用するための技術開発についても，目標3 および目標4と同時に推進していくことが重要である．そのためには，現時点では海面養殖を実施する沿岸漁業者と，目標1および目標2を実現する企業の連携の加速が必須である．地域を主体とする漁業と，都市での経済活動を主体とする企業との連携は，環境省・環境基本計画にある地域循環共生圏[20] の構築にも通じる，漁村を含む地域の持続的社会構築への布石となるはずである．ブルーカーボン生態系のコベネフィットを最大限に活用した取り組みが脱炭素社会の構築にどのように貢献していくか，その取り組み事例を増やし，検証していくことが求められている．

文　献

1) 大橋祐輝，岡野直幸.「IGES Briefingg Note：COP26 と自然を活用した解決策（Nature-based Solutions：NbS）」IGES. 2021.

2) 高橋康夫.「生物多様性と気候変動：IPBES-IPCC 合同ワークショップ報告書：IGES による翻訳と解説」IGES. 2021.

3) High Level Panel for a Sustainable Ocean Economy. https://oceanpanel.org/（2024.4.30 アクセス）

4) Hoegh-Guldberg O. *The Ocean as a Solution to Climate Change: Five Opportunities for Action*. World Resources Institute. 2019.

5) Gephart JA, Henriksson PJG, Parker RWR, Shepon A, Gorospe KD, Bergman K, Eshel G, Golden CD, Halpern BS, Homborg S, Jonell M, Metian M, Mifflin K, Newton, R, Tyedmers P, Zhang W, Ziegler F, Troell M. Environmental performance of blue foods. *Nature* 2021; 597: 360–365.

6) 堀 正和, 桑江朝比呂.「ブルーカーボン－浅海における CO_2 隔離・貯留とその活用」地人書館. 2017.

7) 堀 正和, 山北剛久.「人と生態系のダイナミクス第 4 巻：海の歴史と未来」朝倉書店. 2021.

8) 堀 正和, 桑江朝比呂. ブルーカーボンに関わる国内外の政策動向. 化学工学 2021; 85: 659–662.

9) Gao G, Gao L, Jiang M, Jian A, He L. The potential of seaweed cultivation to achieve carbon neutrality and mitigate deoxygenation and eutrophication. *Environ. Res. Lett.* 2022; 17: 014018.

10) 経済産業省. 革新的環境イノベーション戦略. https://www8.cao.go.jp/cstp/siryo/haihui048/siryo6-2.pdf（2024.4.30 アクセス）

11) Krause-Jensen D, Duarte CM. Substantial role of macroalgae in marine carbon sequestration. *Nature Geoscience* 2016; 9: 737–742.

12) 堀 正和. CO_2 吸収源としての藻場の評価と形成技術の展望. JATAFF ジャーナル 2022; 10: 30–35.

13) 水産研究・教育機構.「海草・海藻藻場の CO_2 貯留量算定に向けたガイドブック」水産研究・教育機構, 2023.

14) 桑江朝比呂, 吉田吾郎, 堀 正和, 渡辺謙太, 棚谷灯子, 岡田知也, 梅澤 有, 佐々木 淳. 浅海生態系における年間二酸化炭素吸収量の全国推計. 土木学会論文集 B2（海岸工学）2019; 75: 10–20.

15) Miyajima T, Hori M, Hamaguchi M, Shimabukuro H, Adachi H, Yamamo H, Nakaoka M. Geographic variability in organic carbon stock and accumulation rate in sediments of East and Southeast Asian seagrass meadows. *Global Biogeochem.* Cycl. 2015; 29: 397–415.

16) Abo K, Sugimatsu K, Hori M, Yoshida G, Shimabukuro H, Yagi H, Nakayama A, Tarutani K. Quantifying the fate of captured carbon: from seagrass meadows t the deep sea. In: Kuwae T, Hori M (eds). *Blue Carbon in Shallow Coastal Ecosystems.* Springer 2019; 251–271.

17) Taniguchi N, Sakuno Y, Sun H, Song S, Shimabukuro H, Hori M. Analysis of floating macroalgae distribution around Japan using global change observation mission-climate/second-generation global imager data. *Water* 2022; 14: 3236.

18) Watanebe K, Yoshida G, Hori M, Umezawa Y, Moki H, Kuwae T. Macroalgal metabolism and lateral carbon flows can create significant carbon sink. *Biogeosci.* 2020; 17: 1–16.

19) JBE. ジャパンブルーエコノミー技術研究組合. https://www.blueeconomy.jp/（2024.4.30 アクセス）

20) 環境省. 地域循環共生圏の概要. https://www.env.go.jp/seisaku/list/kyoseiken/index.html（2024.4.30 アクセス）

第14章 洋上風力と漁業の共存の道をさぐる

塩原 泰[*]

　2050年カーボンニュートラルを宣言したわが国は，これを実現するための方策として再生可能エネルギーの導入を急いでいる．洋上風力発電についても野心的な数値目標を掲げ，「再エネ海域利用法」に基づく洋上風力発電を実施する区域の指定が進んでいる．新しく洋上に構造物が出現することは，漁業関係者にとって脅威となる．同法では，漁業に支障のある海域に洋上風車は建設しないとされているが，漁業への支障の有無についての判断は，慎重に行われる必要がある．一方で，洋上風力発電施設は，新しい漁場の造成や，漁海況情報の提供といった漁業を支援する施設やサービスを付加させることが可能である．また，都会から遠く離れた沿岸地域に新規の産業が出現することで，人口減少に悩む漁村を含めた地域の振興策となりうる．本章ではわが国にとって重要課題である地球温暖化防止とエネルギーの自給というテーマと，水産業の持続的発展を同時に実現するための「漁業協調型洋上風力発電」のコンセプトを紹介する．

§1. 洋上風力導入をめぐる状況

1. 洋上風力の発展過程

　洋上は，強い風が安定して吹くことから，2000年代初頭から欧州の北海中心に洋上風車の建設が進められてきた．その代表例の一つである，デンマークのHorns Revウィンドファームの場合，この施設は2002年に建設された2MW風車が80基という規模で，現在ではかなり小さな規模のものである．こ

---

[*] 一般社団法人海洋産業研究・振興協会

の施設は沖合 14 〜 20 km に建設されているが，その水深はわずか 6 〜 12 m であることに注目してもらいたい．欧州の北海ではこのような遠浅の海域がひろがっており，それに加えて風況も優れていることから洋上風力の導入が早くから進んだ．統計によれば，陸上を含めた全世界の風力発電の導入量は，2021 年には 837 GW（ギガワット，1 GW は原発 1 基分に相当），うち洋上は 57 GW であり，洋上の占める割合は 7％ となっている [1]．今後，陸上の適地の減少と，洋上ウィンドファームの大規模化によるスケールメリットにより，洋上の割合は増えていくものと考えられる．

　一方，わが国では 2000 年代に北海道瀬棚町，山形県酒田市のごく沿岸に洋上風車が建設されたが，普及は進まなかった．2010 年代になり，世界的に地球温暖化対策の必要性が高まると，わが国でも再生可能エネルギー利用拡大の柱として洋上風力の本格導入を目指し，NEDO，環境省，経産省による実証試験が実施された．制度面では，洋上風力発電による電力の買取制度（FIT 制度）が整備され，次いで海域で洋上風力発電事業を実施するための「海洋再生可能エネルギー発電設備の整備に係る海域の利用の促進に関する法律（通称「再エネ海域利用法」，詳しくは後述）」が 2019 年に施行された．2020 年 10 月に当時の菅首相による 2050 年カーボンニュートラル宣言があり，同年 12 月には「2030 年までに 10 GW，2040 までに 35–40 GW の規模の洋上風力発電の案件を形成する」という政府目標が示され，官民挙げて地球温暖化防止に取り組むというベクトルが定まった．

　筆者は，日本初となる北海道瀬棚町の洋上風力発電の導入可能性調査および普及啓発事業に携わり，以降，わが国の洋上風力をめぐる制度や事業の変遷を目の当たりにしてきた．大きな流れは先述の通りだが，付言するなら，東日本大震災の後に大きく潮目が変わったと感じている．大震災による停電や原発事故を経験したことで，再生可能エネルギーの価値が見直されたように思う．さらにいうなら，昨今のウクライナ情勢による燃料価格の高騰から，エネルギーの自給の必要性がますます意識されるようになった．

2. 洋上風車の種類

　ここまで，洋上風力の発展過程について紹介した．次に発電機としての洋上

風車の簡単な分類について説明したい．洋上風車は，水底から茎を伸ばす葦のような「着床式」と，水面に浮かぶ水草のような「浮体式」がある（図 14-1）．一般的に，水深 50 m までの浅い海域は「着床式」，それより深い海域は「浮体式」が用いられる．「着床式」の風車は，モノパイル式，重力式，組杭式（ジャケット式）などの形式がある．一方，「浮体式」はスパー式，セミサブ式などの形式がある．いずれも，海底の基質や水深によって最も経済合理性の高いものが選択される．さて，「着床式」と「浮体式」の 2 種類に大別できるものの，この原稿を書いている 2023 年現在，洋上風車の 99％以上が「着床式」で，「浮体式」は実証試験を終え，これからプレコマーシャルのフェーズに進もうという段階である．わが国は世界 6 位といわれる広大な領海と排他的経済水域を有するが，先述の北海のような水深 50 m 以浅の遠浅な海域の面積は乏しい．現在は建設コストの安い「着床式」の洋上ウィンドファームの建設計画を中心にプロジェクトが進んでいるが，適地が減少するにつれ，「浮体式」にシフトするものと考えられる．わが国は，「着床式」で後れを取ったものの，「浮体式」の技術では世界的に見ても先進的な取り組みをしている．筆者の属する海洋産業界（造船，鉄構，重工業，海洋工事，海洋調査，風力発電事業者

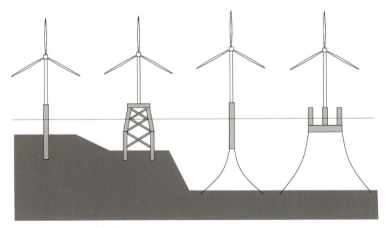

図 14-1　洋上風車の種類
　　　　左から着床式洋上風車のモノパイル式，ジャケット式，次いで浮体式洋上風車のスパー式，セミサブ式．

第14章　洋上風力と漁業の共存の道をさぐる　*169*

など）では，企業の設備投資やサプライチェーンの構築が進みつつあり，期待
感が高まっている．

3. 再エネ海域利用法

　続いて，現在，わが国の洋上風力の導入のドライビングフォースとなってい
る再エネ海域利用法について若干の解説を試みたい（図14-2）．同法は，簡
単にいえば，洋上風力発電を実施する海域を国が指定し，そこで洋上風力発電
事業を実施する事業者を公募する制度である．国は，応募各社の事業計画から，
経済性や実現性などの観点から，最も優れた計画を提案した社を事業者として
選定する．選定された事業者は30年間の海域の占用許可が与えられ，発電事
業を行うことができる．同法の大まかな枠組みはこの通りであるが，漁業者に
とって最も重要なのは，洋上風力発電事業を行う海域となる「促進区域」が，
いかにして，どこに設定されるかである．都道府県から情報提供を受けた国は，
その海域を促進区域として問題ないかを，ステークホルダーを集めた「法定協
議会」の場で議論し，同協議会の合意を受けて指定することになっている．協

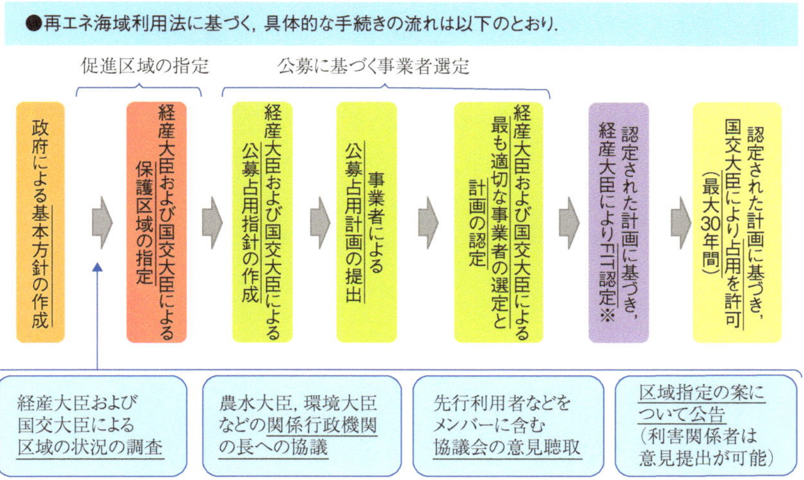

図 14-2　再エネ海域利用法の概要
　　　　資源エネルギー庁ホームページを改変.

議会では当該海域を利用する漁業者も参加し，漁業操業への支障の有無が確認される．法律に明示されていないが，都道府県が国に情報提供を行う段階で地先を含めた関係漁協へのおよその確認は行われている．

§2. 漁業協調型洋上風力とは

　筆者の所属する一般社団法人海洋産業研究・振興協会は，1970 年の設立当初から「漁業協調型」の海洋開発をモットーとして掲げている．洋上風力発電をわが国で発展・普及させるに当たっても，この視点は欠くべからざるものである．社会的な要請に応えるかたちで 2012 年度から自主調査研究「洋上風力発電等の漁業協調の在り方に関する提言研究」に取り組むこととなった．そして，2013 年 5 月に「洋上風力発電等の漁業協調の在り方に関する提言，着床式 100 MW 仮想ウィンドファームにおける漁業協調メニュー案」[2]，2015 年 6 月に「同提言第 2 版，着床式および浮体式洋上ウィンドファームの漁業協調メニュー」[3] を発表した．

　漁業協調メニュー案は，当協会の自主研究参加企業 8 社のワーキンググループで原案を作成し，有識者委員会（委員長：松山優治・東京海洋大学元学長）で審議された．有識者委員会は水産や風力発電などの有識者で構成されており，関係省庁にもオブザーバで参加いただいた．委員会での委員やオブザーバの意見を参考にしながら，最終的なメニュー案が取りまとめられた．

　これまで，大都市臨海部の埋め立てに代表されるような開発事業には，漁場を失う漁業者に対し，これを補償するための補償金が支払われてきた．これに対し，洋上ウィンドファームは風車が物理的に占用する海面はわずかであることから，漁業との空間的な棲み分けは可能と考えられる．漁業協調方策を検討するに当たっては「漁業補償から漁業協調へ」を理念として掲げ，以下のような基本的考え方を示した．

〈基本的考え方〉

1）　発電事業者も漁業者もともに潤う Win-Win 方式
　　　両者が対立的な関係ではなく，発電事業者がメリットを得るとともに，漁業者も同時にメリットを享受できるような，「メリット共有方式」であること．

2) 地域社会全体の活性化に貢献

発電事業者と漁業者はもちろんのこと，それ以外の地域の住民・市民，来訪者・観光客ひいては地場産業などを含め，地域社会全体の活性化に貢献すること．

3) 透明性を確保した合意形成

計画の当初から事業者側は情報を開示して先行海域利用者たる漁業者の意見も取り入れるなど，透明性を常に確保し，関係者が一つのテーブルについて協議を進め，合意形成を図りながら洋上発電プロジェクトを推進すること．

以上の理念のもと，洋上風力の漁業への協調方策を検討し，以下の①〜⑦をメニューとして発表した．

①リアルタイムでの海況情報の提供

現在，海洋情報を活用して，漁業の効率化を図るスマート漁業が推進されている．洋上風車の基礎は，海洋情報を取得するための洋上プラットフォームとして活用できる．水温や波高などの情報を配信することで，漁業操業に役立つ情報を提供する．また，風車に漁場をモニタリングする監視カメラを設置することで，密漁対策として役立てるといった用途も考えられる（図14-3）．

②風車基礎部の人工魚礁化利用

一般的に洋上の構造物には集魚効果があり，洋上風車にも魚礁としての効果

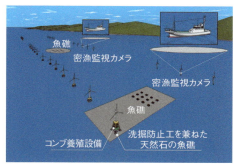

図14-3　漁業協調型ウィンドファームのイメージ
出典：一般社団法人海洋産業研究・振興協会．

が期待できる．モノパイル式の基礎には，表面に貝類，カイアシ類，甲殻類などの生物が付着し，これらを捕食する魚類が蝟集されると考えられる．また，海底面には洗堀を防止するための敷石などの洗堀防止工が施されるので，底生生物の住処として利用されると考えられる．構造が複雑なジャケット式の基礎は，鋼製魚礁そのものといっても良く，杭で囲まれた空間には様々な魚類が蝟集されるものと予想される．また，風車基礎のみならず，洋上ウィンドファーム内に人工魚礁を設置することで，ファーム全体を資源涵養の場とし，新たな漁場の創造に寄与する．

③養殖施設の併用

漁業資源は変動が大きく，また，減少傾向が続く資源も少なくない．漁家収入の安定化を図るため，獲る漁業から養殖業への転換が試みられている．養殖施設を固定するには，波の外力に耐えられるようなシンカー（土俵）が必要となる．そこで，洋上風車の基礎に養殖施設を設置あるいは係留するといった利用方法が考えられる．例えば，モノパイル式の風車間にロープを張ることで，ウィンドファーム内をノリやコンブといった海藻養殖の場として活用するといった方法がある．また，ジャケット式の基礎であれば，基礎そのものをノリやコンブの養殖施設として活用することも可能と考えられる．さらに，浮体式風車であれば，魚類を飼育するケージを敷設することで，沖合養殖を行うといったアイディアもある．魚類養殖施設は，モニタリングや給餌設備に電力が必要となるが，洋上風車に敷設することで，電力を賄うことも可能となる．

④定置網などの併設

定置網は垣網，身網，箱網で構成される漁具であり，全国各地に設置されている．定置網を固定するには，波の外力に耐えられるようなシンカーが必要となる．そこで，定置網などの固定漁具を，洋上風車の基礎に設置あるいは係留するといった利用方法や，洋上風車の電力を活用して，センサーやビデオカメラで箱網内の魚群の入網状況を陸上に送り，漁業の効率化を図るといった活用方法も考えられる．

⑤レジャー施設の併用

洋上ウィンドファームを遊漁やレジャーを行う場として活用し，これらの事業に地域の海をよく知る漁業者関係者が参加して間接的な収入増加に寄与する

という方策も考えられる．例えば，巨大な洋上風車を船から見学する遊覧船事業，洋上ウィンドファーム内の基礎構造物に蝟集した魚を釣らせる遊漁船事業，基礎構造物をダイビングスポットとするレジャーダイビング事業などが考えられる．また，ウィンドファーム内に洋上デッキを併設して海釣公園として営業するといったことも考えられる．

⑥発電電力の活用

洋上ウィンドファームによって生み出された電力を，漁業関連施設で使用するという方策も有力な協調策となりうる．例えば，漁港施設の中でも冷蔵庫や製氷施設に膨大な電力を使用している．地先の風エネルギーを電力に変えることで，エネルギーの地産地消を実現する．これが実現すれば，東日本大震災のような大規模な災害による停電が発生しても，冷蔵庫内の水産物を廃棄せずに済み，また製氷機が稼働していれば漁業の復興もいち早く進む．また，近未来的な発想ではあるが，将来，電動漁船が普及した場合，洋上風力による電力により給電するというアイディアもある．

⑦漁業者の事業参加

洋上ウィンドファームを建設する前段階では各種の調査業務が実施され，建設工事中には警戒船の業務が発生する．これらの業務には漁船を活用でき，漁家の間接的な収入の増加に寄与する．また，洋上ウィンドファーム建設後，発電事業は30年間の長きにわたって定期的な風車のメンテナンスが実施される．このメンテナンス事業に，地域の海をよく知る漁業者が参加するという方策が考えられる．

以上が，再エネ海域利用法が施行される6年前に当協会が提言した漁業協調メニューの内容である．発表して10年が経過し，メニューの中で実現した例もあれば，自然条件あるいは制度面で実現が困難なメニューもある．例えば，「①リアルタイムでの海況情報の提供」は，福島沖の浮体式洋上風力実証試験で「海洋観測データ配信システム」として実現し，地域の漁業者に水温，塩分のデータが配信された．「②風車基礎部の人工魚礁化利用」は，長崎県五島市における浮体式洋上風力の実証試験において，浮き魚礁が設置された事例がある．また，千葉県銚子市沖では，既存の洋上風車の周辺に，イセエビの稚エビ

の住処となる魚礁「エビクルハウス」を設置する計画が進んでいる．これらの事例は洋上風車の実証試験に関連して実施されている．一方，実際に促進区域に指定された地域では，「⑦漁業者の事業参加」の事例が出現している．地先海域が促進区域に指定された千葉県銚子市において，銚子漁協が出資（出資比率60％）して，洋上風力発電事業に関するメンテンス会社「C-COWS（シーコース）」が設立された．同様に促進区域に指定されている秋田市では，秋田県漁協，能代市浅内漁協，八峰町峰浜漁協などが出資する「秋田マリタイムサービス」が設立された．これらの実例が示すように，雇用の創出と地域振興という文脈のメニューはニーズが高く，いち早く実現している．

　他方で，「⑥発電電力の活用」は，地内系統に接続して売電する場合，制度として分電は認められないこともあり，実現は容易ではない．また，洋上風車が建設される海域は，当然ながら風が強く，波の条件も厳しいことから，「③養殖施設の併用」および「⑤レジャー施設の併用」は実現に向けてのハードルが高いようだ．まだ実現していないメニューについては，今後，稼働する風車が増えることで検討のスコープに入るものもあると期待している．

§3. 今後の課題

　資源エネルギー庁のホームページによれば，2023年5月現在，再エネ海域利用法における促進区域は8区域，法定協議会が組織されている有望区域は10区域，法定協議会の設置に向けて準備を行っている準備区域は6区域となっている．同庁によれば，2030年10 GWの洋上風力の導入を目指し，毎年1 GWのペースで案件形成を図るとされている．沿岸近くの水深50 m以浅の着床式洋上ウィンドファームにおいては，漁業権者である地先漁協の合意が得られればプロジェクトは進むため，事業者は工夫を凝らした漁業協調策を公募占用計画に盛り込む．最近は，地先漁業の振興だけではなく，地域振興に寄与するという文脈を含めた提案が流行している．人口減少に悩む沿岸地域にとって，洋上風力発電事業の誘致は親和性が高いことから，多くの関係者の努力の結果，これまでのところ着床式の洋上風力は案件形成が進んでいる．

　一方で，先に述べたように，欧州と比較してわが国には水深50 m以浅の海域が少ない．国の掲げる2040年までに30–45 GWの案件を形成するという導

入目標のすべてを着床式で賄うことは困難であることから，相当数の浮体式の洋上風力発電が必要となるものと考えられる．このため，国はグリーンイノベーション基金などを活用して浮体式洋上風力の技術開発を行うことを発表している．また，再エネ海域利用法の適用範囲を，領海から排他的経済水域まで拡大する方策も検討されている．さらには，浮体式洋上風力の産業化のロードマップが作成されたことから，これに基づいた人材育成やサプライチェーン構築のための施策も講じられるものと考えられる．海洋産業界も「モノづくりの最後の挑戦」とばかりに，にわかに色めき立っている．

他方で，浮体式洋上風力は，最大のステークホルダーである沖合漁業といかに共存するかという課題がある（図14-4）．わが国の漁業制度は江戸時代から「磯は地付き 沖は入会」となっている．浅海域の漁業資源は地先の漁業者が独占的に利用することが認められ，漁場の利用方法についても地先の漁業者

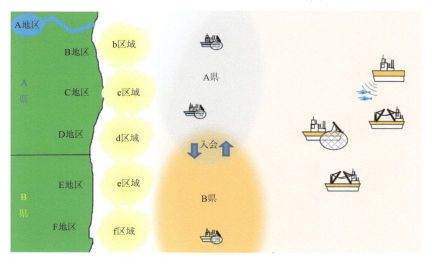

図14-4 わが国の漁業制度の模式図
出典：水産庁ホームページ．

の意向が最優先され，基本的に他地域の漁業者が口をだすことはない．ところが沖合は，知事許可漁業，大臣許可漁業が行われており他地域・他県の漁業者も操業する海域となっている．他地域・他県の漁業者は，発電事業者が提案する地先の地域振興策に恩恵はない．また，漁業の操業形態も大規模であり，浮体洋上風車が出現することで漁業操業に著しい支障が生じるケースもある．

　国は大きな導入目標を掲げ，着々と技術開発や法制度の整備を進め，これを受けて産業界は盛り上がりつつある一方で，最大のステークホルダーが蚊帳の外にあるのが現状といえる．元水産庁長官の長谷成人氏は沖合の洋上風力について，「個別案件ごとの打診ではなく対象となる漁業者の関係するすべての計画を示すことが必要」[4] と警鐘を鳴らしている．沖合漁業と洋上風力の利用調整の仕組みを整備するための議論をスタートさせるべき時期にあると考える．

文　献

1) GLOBAL WIND REPORT 2022. GWEC. 2022; 110.
2) 着床式 100MW 仮想ウィンドファームにおける漁業協調メニュー案．一般社団法人海洋産業研究・振興協会．2013.
3) 着床式および浮体式洋上ウィンドファームの漁業協調メニュー．一般社団法人海洋産業研究・振興協会．2015.
4) 洋上風力発電の EEZ への展開における漁業を巡る問題－洋上風力の EEZ 展開②．京都大学大学院再生可能エネルギー経済学講座．No.377.

第4部　総合討論

第15章　水産科学：現場と政策の乖離を埋めるために必要な研究とは

森下 丈二*

　現場と政策の乖離を埋めるための水産科学とは，多分野で多様な科学の単なる集合体ではなく，それらの科学が相互につながり，支持し合い，刺激し合うことで研究課題や政策課題の対策を見出す総合科学である．水産科学研究は，行政，現場（漁獲，加工，流通，消費など），一般社会を包含するものである．現場と政策の"乖離"には様々な内容がある．本章では，シンポジウムの総合討論の内容を基に水産科学のマトリクスを構築し，この乖離を分類するとともに，そこに対応する科学の方向性について考察する．

§1. シンポジウムの背景と構成

　2018年，漁業法に70年ぶりの大改正が行われた．適切な資源管理と水産業の成長産業化を両立させることを目指して，新たな資源管理システムの構築，遠洋漁業と沖合漁業における漁業許可制度の見直し，沿岸漁業や養殖業にかかる漁業権制度の見直し，漁村のもつ多面的機能発揮の促進と活性化，海区漁業調整委員会などの漁業ガバナンスの仕組みの見直し，密漁対策のための罰則強化，漁業協同組合の事業・経営基盤の強化など，広範で将来の漁業の姿の基本的方向性に関わる改正である．また，この漁業法大改正を受けた形で，2022年3月には新水産基本計画が閣議決定された．

　この水産政策の大改革は，1980年代のピーク時の約3分の1にまで減少し，

---

* 農林水産省（2023年3月末まで東京海洋大学海洋政策文化学部門）

その後も漸減傾向が続いている日本の漁業・養殖業生産量,「魚離れ」などに起因する魚介類消費量の低下,漁業従事者の減少と高齢化,その結果としての漁村の疲弊や地方経済の低迷などを背景として実行された.

日本水産学会水産政策委員会では,2022年9月17日,日本水産学会秋季大会の機会をとらえて,今後数十年のわが国の水産政策の基本的な方向性を示す,この重要な大改革に着目した「新水産基本計画と水産科学:現場と政策の乖離を埋めるために必要な研究とは」と題したシンポジウムを開催した.本件シンポジウムでは,実効性の高い水産政策を実施するために,水産科学には何ができるのか,そもそも水産科学とはどのような特徴をもった学問なのか,水産政策に貢献するためには,どのような課題があるのか,などといった問題意識を踏まえながら,水産科学のもとでの多方面の分野の専門家から,15件を超える発表が,下記の3つの柱の下で行われた.

第1の柱　海洋環境の変化も踏まえた水産資源管理の着実な実施
第2の柱　増大するリスクも踏まえた水産業の成長産業化の実現
第3の柱　地域を支える漁村の活性化の推進

日本水産学会内では,増殖,利用加工,環境保全,教育などについては,それぞれに別委員会があるが,本シンポジウムでは,水産に関するすべての学問分野をカバーする本学会の特徴を踏まえ,新水産基本計画の全体像を意識した議論を行うとともに,水産の現場と研究の乖離を埋め,現場と協働した水産科学の可能性を探るという観点からの議論を行った.

§2. 総合討論の狙い

総合討論「水産科学:現場と政策の乖離を埋めるために必要な研究とは」では,これらの多様な分野の発表について,それぞれの個別の内容の詳細ではなく,むしろ,総合的かつ横断的な議論を行い,水産科学の研究が目指すものを俯瞰し分析する手がかりの一端を提供することを主な狙いとした.

総合討論では,いくつかの論点が浮かび上がったが,そもそも,タイトルにある「現場」とはいったい何を意味するのか？　他の科学,例えば物理学や化

第 15 章　水産科学：現場と政策の乖離を埋めるために必要な研究とは　*179*

学，あるいは哲学には「現場」というものが存在するのか，存在するとすれば，水産科学の「現場」は他の科学の「現場」とはどう異なるのか？　今さら自明かもしれないが，水産科学は，水産業という産業を分析研究し，その産業を支え，その将来への指針や助言を提供する学問であるといえるだろう．したがって，水産業という産業活動やそれに関連し，それを取り巻く諸活動や要素が「現場」であると理解できるかもしれない．

　水産業という「現場」をもつ水産科学は，多様なステークホルダー，あるいはオーディエンスをもつ科学でもある．そのステークホルダーには，漁業従事者のみならず，地方と国の行政関係者，大学や研究機関の研究者，水産物の利用者・消費者である一般市民，海洋環境の保全などに関心を有する市民や団体，マスコミ，政治家などが含まれる．この多様なステークホルダーに情報や見解を提供していくために，水産科学にとってはコミュニケーションの確立が重要となってくる．総合討論では，後述するようにこのコミュニケーションの問題が注目された．

　水産科学が総合科学，応用科学であるということは改めて確認するまでもない．水産科学のもとでは生物学，物理学，化学，数学，経済学のみならず，実に多様な学問分野が包含されている．しかし，その水産科学を「総合」科学と呼ぶにふさわしい姿として，さらに高めていく方策を，水産政策大改革との関連の中で，あるいは大改革を機として考えていくきっかけと一観点を提供することも，本件シンポジウムの役割であるかもしれない．

§3.　水産科学のマトリクス

　本件シンポジウムでの実に多様な発表について，その現場とのつながりや乖離，それぞれの水産科学研究の現場との関連における位置づけを考え，さらに，新たな研究が必要な分野の特定を行うことが，本件シンポジウムの狙いの一つであるという認識である．これに基づき，これらすべての要素の間の関連性を俯瞰するために，総合討論では筆者からマトリクスの構築を未定稿の例示として提案した（図 15-1）．

　俯瞰的な検討を可能とする方法の一例としての性格から，このマトリクスでは，本件シンポジウムでのすべての発表の，すべてのポイントを，発表者各位

ギャップと研究課題（未定稿, 例示）

	沿岸漁業	沖合遠洋漁業	流通	漁業全般	環境政策	エネルギー政策
情報収集	• 自分の浜と全体像			• 現場からのデータの先細り		
科学分析	• 漁業者参加型の資源評価	• 漁業者参加型の資源評価		• 資源の持続性を保証するような研究 • 資源評価の「なぜ」を説明する	• 海洋や生態系の変動・不確実性を反映できる分析	
政策決定	• 多様なSHの意見を反映した共同管理	• 新たな資源管理手法への不安	• 地域流通政策としての体系性			• 政策の乖離 水産現場とエネルギー
政策評価				• 政策の検証研究		
フィードバック	• 漁村を単なる産地としてではなく暮らしと人を考える		• 産地情報やブランドの効果			
横断的課題	• 地域漁業の管理, 新たな漁業デザイン • 現場からのボトムアップに基づく学際的学問分野の構築		• 養殖のリスクと生産性	• 漁獲増大の技術から漁獲最適化の技術へ • 漁業への認識の改革 • 生産だけに注目しない海業化	• 海の環境変化の水産資源への影響把握	

図 15-1　水産科学のマトリクス

の納得のいく形で反映したとは到底いえない．むしろ，本件シンポジウムで提起された諸課題を一覧として見る，理解促進の一助としてのツール，一つの手段として提示することが，マトリクスを提示した意図である．精緻で完璧なマトリクスを構築することは，総合討論の時点では意図していない．

　総合討論では，発表者の方々から，このマトリクスに反映されていない項目や，分類の方法についてご意見をいただいたが，まさにこのような議論と検討を促すことがマトリクスの狙いであり，価値でもある．

マトリクスの横軸には，沿岸漁業，沖合遠洋漁業，流通，漁業全般，環境政策，エネルギー政策という項目を設定した．漁業全般には当然沿岸漁業と沖合遠洋漁業なども含まれるので，項目の間には重複が存在する．また，漁業の種類と政策分野を同じ横軸に据えることも本来項目の同等性を損なうことになるが，あくまで本件シンポジウムでの諸発表の対象となっている分野や課題をグループ分けした結果である．

マトリクスの縦軸には，情報収集，科学分析，政策決定，政策評価，フィードバック，そして横断的課題を配した．縦軸の対象は水産科学の水産政策への貢献という観点からの，政策実施における諸ステップである．ここにも抜けや重複があるし，まったく別のステップを設定することも可能である．例えば，政策提案に対するパブリック・コメントの機会などもステップに含まれる可能性があろうが，少なくとも独立の項目としては設定していない．

§4. マトリクスを読み解く

このように設定したマトリクスを通して，本件シンポジウムの諸発表とそのポイントを当てはめてみる．例えば，漁業資源の評価に関しては，現場である漁業操業からのデータ収集の必要性，データ収集項目の検討，収集の頻度と精度などに関わる課題，漁業者からの協力の確保などといったトピックが発表の中でも取り上げられた．

これを，「沿岸漁業」の欄を例としてマトリクスを読み解いてみる．

まず，沿岸漁業に関連する諸発表の内容に基づき，「情報収集」との関連では「自分の浜と全体像」「科学分析」との関連では「漁業者参加型の資源評価」というポイントを挙げた．これら内容は，マトリクスと本件シンポジウムの狙いである研究課題の洗い出しの観点から抽出したものである．

例えば，「自分の浜と全体像」の意味としては，浜の漁業者から収集される，その浜の漁業や漁業資源に関する情報が，分析対象となる沿岸漁業の資源評価という全体像の中で，どのような位置づけと役割と重要性を有しているか，ということについて，浜の漁業従事者，行政担当者，研究者などが情報収集の目的や意義について理解を共有しているか，できるかということにある．浜の漁業者の観点からすれば，自らの地先の沿岸漁業資源の分布やその盛衰について

は，自分たちが長年にわたって観察し，蓄積してきた地域知や伝統知が，まず
は判断基準となる場合が多いと思われる．しかし，その沿岸漁業資源が，特定
の「浜」や地域を越えて回遊・分布する資源であったり，より広域の，場合に
よってはグローバルな環境変化の影響を受ける資源である場合には，浜の知識
はその資源の一側面のみに基づくものである可能性が高く，その資源の全体像
の評価のためには，多数の浜の情報や広域の環境変化に関する情報などを収集
し，総合する必要がある．しかし，そのような，総合的，科学的資源評価が，
常に浜での漁業資源や漁獲の状況をより正確に評価しているかというと，必ず
しもそうではないケースもある．評価が正確であっても，マクロな資源評価と
ミクロな漁獲状況の間に見かけ上の違いが出ることは十分予想できる．このよ
うな場合，浜の漁業関係者と科学者・行政間の間に意見の違い・対立，ひいて
は相互不信が生まれることは想像に難くない．日本沿岸での定置網漁業や釣り
漁業によるクロマグロの漁獲をめぐる諸問題は，このカテゴリーに入るかもし
れない．

　「科学分析」との関連の「漁業者参加型の資源評価」のポイントを考える．
ここでは，それぞれの「浜」や，より広域からの科学調査や文献調査によって
収集された情報の分析においては，研究者や行政官などの専門家に加えて，漁
業関係者も参加して，科学分析の目的の共有，分析結果の解釈の検討と共有，
見解の違いがある場合にはその調整，さらなる情報収集（モニタリングなど）
や分析の検討などが行われることが，「漁業者参加型」として期待される．そ
の過程では，漁業者の有する伝統知や地域知，すなわち「現場の感覚」の利用
も考えられる．ここでは，科学的資源評価の専門的な内容を，いかに非科学者
である行政官や漁業関係者に伝えるかという課題が存在する．さらに，伝統知
や地域知をいかに科学的資源評価と融合して，より有益な資源評価を実現する
かという課題もある．また，専門的内容や伝統知・地域知の双方向での翻訳が
実現しても，関係者間の観点や視点の違いが意思疎通の障害となることもある．
例えば，一方は海洋生態系の保護に重点を置いて，いかに漁業による海洋生態
系への影響を最小化するかという視点から分析や評価を行い，他方は漁業操業
の安定や拡大を目指す場合には，同じデータと情報に基づく分析結果であって
も，そこから導き出される政策や保存管理措置には当然違いが生まれる．ここ

では，相互のコミュニケーションが成立することが前提であり，重要であるが，これは本件シンポジウムの重要な課題でもある．

沿岸漁業のコンテクストにおける，「政策決定」の項では，シンポジウムでの発表に基づいて「多様なステークホルダーの意見を反映した共同管理」というポイントを抽出した．政策決定は上記の「情報収集」と「科学分析」に基づいて行われるが，ここでいうステークホルダーには，漁業関係者，研究者，行政官に加えて，環境保護団体や一般市民，マスコミや政治家など，多様な関係者が含まれうる．これらの多様なステークホルダーは，それぞれの立場の違いに基づく多様で，時には対立する関心や目標をもつわけであるが，それらを反映した共同管理においては，どのような管理目標をどのような意思決定方式に基づいて「政策決定」につなげていくかという課題に直面することになろう．沿岸漁業に関わる「政策決定」を考えるとき，海区漁業調整委員会を思い浮かべるが，本件シンポジウムでの発表と関心は，海区漁業調整委員会の枠を越えたステークホルダーの意見の政策決定への反映を意図したものであったと理解している．そのような意見の反映と意思決定のための様々な試みがあり，また，引き続き重要な研究課題であるといえよう．

「フィードバック」の欄には「漁村を単なる産地としてではなく暮らしと人を考える」というポイントを挙げた．これは「政策決定」や「政策評価」のステップにおいて，漁村を沿岸漁業の生産が行われる場としてのみとらえ，情報収集や情報提供の場，資源調査の場としてのみ位置づけ，期待することへの警鐘であり，それに対する対策や意識改革を求める提言である．もちろん漁業法を頂点とする漁業政策の場においては，経済や地域振興（すなわち「暮らし」）は重要課題であり，漁業法の大改正においても漁業の成長産業化が掲げられている．また，漁村と漁業就業者における高齢化や後継者不足問題への対応は「人を考える」ことにつながり，漁村活性化という目標は，水産科学の特徴でもある学問分野を越えた総合科学が求められる課題である．ここで掲げられたポイントは，まさにこの総合科学としての水産科学における分野横断的な総合性をいかに発揮していくかという問題の提起であると理解できよう．

マトリクスの最下段の「横断的課題」については，「地域漁業の管理，新たな漁業デザイン」と「現場からのボトムアップに基づく学際的学問分野の構

築」の2点がシンポジウムの発表者から提唱されたことを取り上げた．ここ
での「横断的課題」は，沿岸漁業における上記の多様な側面を横断的・総合的
に検討する必要がある項目を意味する．掲げられている点は，両者ともに，非
常に興味深く重要なポイントであることは論を待たない．特に，将来の沿岸漁
業の「新たな漁業デザイン」を考え，それに基づく「地域」を単位とした漁業
管理の在り方を打ち出すことは，資源評価や「政策決定」の在り方を，この新
たな政策目標に向かって検討していくことを包含しており，まさに「横断的課
題」であろう．この課題の検討にあたっては，トップダウンではなく「現場か
らのボトムアップ」が強く求められる．この「ボトムアップ」の検討に貢献す
ることは，水産科学の重要な使命であると同時に課題でもある．すでに様々な
研究や現場での試みが行われてきているが，漁業法大改正という機会が，さら
なる貢献を求めている．

　本章では沿岸漁業のマトリクスを例として水産科学の課題とその潜在的
ギャップを見たが，マトリクスの他の横軸の項目についても，同様の検討の
きっかけが提示されていると思われる．

　マトリクスの中の空欄のボックスは，シンポジウムにおいてそれらのボック
スに該当する発表や問題提起がなかったか，筆者がそれらを捉えることができ
なかったケースも多いだろうが，同時に，水産科学における研究の不足や不在
を示唆するものである可能性もある．例えば，沖合遠洋漁業において資源評価
の「科学分析」や「政策決定」，それらの実施において「フィードバック」に
かかわる問題や課題は存在しないのか，それは水産科学の研究課題として取り
上げることができるのか，などをボックスが空欄となっていることをきっかけ
として考えてみるということができるかもしれない．

§5. マトリクスから現場と政策の乖離を考える ─────────

　総合討論のタイトルである，現場と政策の乖離を埋めるための水産科学とは，
多分野で多様な科学の単なる集合体ではなく，それらの科学が相互に有機的に
つながり，支持し合い，刺激し合うことで研究課題や政策課題のへの対策を見
出す総合科学である．また，水産科学研究は，科学分野の多様性や総合性だけ
ではなく，研究対象としての，行政，現場（漁獲，加工，流通，消費など），

第 15 章　水産科学：現場と政策の乖離を埋めるために必要な研究とは　*185*

一般社会を包含するという意味においても，多様で総合的な視点が求められるものである[1]．

　また，現場と政策の"乖離"には様々な内容がある．総合討論では，以下のような分類が可能ではないかと提起された．

1）　現場での感覚と政策決定者の間の意識（現状認識，将来像など）の違い
　　　例えば漁獲対象資源の資源状態について，現場では資源の悪化が地域知や伝統知に基づいて明確に認識されている一方で，行政側や研究者側ではその認識が薄いかない場合，あるいはその逆の場合がありうる．また将来像が共有されていない場合には，求める政策には当然乖離が生まれるだろう．

2）　科学データや現実に基づく分析結果と現場の感覚との乖離
　　　上記とも重複する部分があるが，加えて，科学的分析が資源状態などについてマクロ（資源分布の全海域を対象とする）の分析結果を見る一方で，現場ではミクロ（特定の漁場の感覚）の現状感覚が強いケースが考えられる．

3）　コミュニケーションの困難，不足による関係者の認識の差
　　　専門用語と地域知・伝統知の間，それらを使うステークホルダーの間の認識の「翻訳」の困難と必要性，さらに，そもそもの意見交換の場の不在や不足が認識の差につながる．いわゆる説明不足にはこの両方が含まれるのではないか．

4）　現場と政策，科学の間のキャパシティー（人員，DX など）の乖離
　　　意見交換や認識共有の重要性と必要性が十分に認識されている場合でも，人員や ICT のキャパシティーの不足が乖離につながる．これらを増強することがもちろん望ましいが，現実的には当然の限界があるため，このキャパシティーのギャップを他の方法で埋めていく発想や研究も必要ではないか．

5）　実際に現場で行われている水産政策と他分野の政策（環境やエネルギーなど）とが十分な連携ができていない
　　　水産政策や水産科学が海（と内水）という場を対象としていることから，

その場を利用する他の産業分野や政策分野との間の調整と連携が必要であるが，それらが充分行われているとはいい難い．また，例えば関係省庁間会議や横断的審議会の開催は頻繁に行われているが，そこでの調整や連携の方法論については未だに課題が多い．

上記の分類とシンポジウムでの問題提起と諸提言に基づき，乖離を埋めるための対応分野として，下記が考えられるとの議論が行われた．

(1) 自然環境や社会経済の変動・不確実性・リスクのメカニズム把握
(2) 様々なステークホルダーの間の効果的なコミュニケーション（専門的内容の「翻訳」も含む）
(3) 地域社会や経営の視点も含めた新しい水産業の姿の提案と共有
(4) その実現のための施策の立案・評価などに関する学際研究，など

これらを見ると，水産科学における社会経済的，政策的分野の研究の強化がさらに求められていることが注目される．

§6. まとめとして

水産科学はそもそも実学・現場科学としての側面をもっていることから，学問分野上の分類から研究が進められるのではなく，現場での諸課題を見据えたうえで，それらに対応するために必要な学問分野を動員し，総合化して研究を進めていくというベクトルが強い．したがって，水産科学のさらなる発展と充実のためには，現場とのコミュニケーションは必須であり，効果的なコミュニケーションの確立のために必要な課題を見出して対応策を提示していくことが重要である．水産物の生産，加工，流通，消費などの諸段階について，生産者のみならず，行政，研究者，非政府機関を含む一般市民，メディア，さらに，国際社会の関心とアジェンダなど，様々な立場の人々の価値観や優先順位，意思決定過程を踏まえて，それに応える科学が必要であろう．

また，海では水産業（食料生産，雇用，地域振興など）だけではなく，海運，レクリエーション，資源エネルギー開発，海洋環境保全（気候変動対策，生態

第15章　水産科学：現場と政策の乖離を埋めるために必要な研究とは　187

系保全，海ごみ問題も含む海洋汚染など），安全保障などの様々な活動が行われており，総合的利用の観念が不可欠である．セクター別，学問分野別での対応では，多様で相互に関係しあう現実の問題への対処には限界があり，合理的でもない[1]．むしろ，水産科学の世界から，セクター別，学問分野別での対応を越えた発想とアプローチを打ち出していくというエネルギーが生まれることを期待したい．そこでは，海を長年にわたって観察し，そこで生活してきた「現場」の関係者や社会に存在する伝統知と地域知を，いかに全体に組み込み，活用していくかという視点も求められる．国際的な海洋をめぐる諸課題への対応においても，近年は地域知や先住民知識の尊重，応用，組み込みの重要性が，国連を含む様々な場で認識されている．

　世の中には，地域知や伝統知などに加えて様々な知識が存在する．その，時に混沌とした知識群を理解し，効果的に利用していくために，われわれは，文系と理系，現場と理論，産業分野別知識，政府や行政がもつ知識，などといった分類やラベル付けを行ってきた．それらは今までも，これからも必要であり，さらに細分化や深化も進んできている．その中で水産科学は学際的科学，総合的科学という特徴とそれに基づく社会的使命をもっており，それをいかに生かしていくのかを常に考え，実行していくことの重要性を再認識することができたシンポジウムであった．

文　献

1）　牧野光琢.「日本の海洋保全政策：開発・利用との調和をめざして」東京大学出版会. 2020.

索　引

〈C・F〉
CIA（Critically Important Antimicrobials）　*82*
CPUE（Catch Per Unit Effort）　*44*
CPUE 標準化　*6*
FIT 制度　*167*

〈I・K〉
IPBES　*157*
IPCC　*157*
IPCC 湿地ガイドライン　*161*
IQ　*22*
KJ 法　*122*

〈M・N〉
MSY（Maximum Sustainable Yield）　*45*
NbS（Nature-based Solutions）　*156*

〈P・R〉
PDO →太平洋 10 年規模振動
RPE（Recruitment Per Egg production）　*46*
RPS（Recruit Per Spawning）　*46*
Russel の平衡理論　*14*

〈S・T〉
SDGs　*152*
Stock Synthesis 3　*5*
TAC　*31*

〈あ行〉
新たな資源管理　*50*
安全性を担保する検査体制　*140*
意思決定プロセス　*125*
移動販売　*153*
栄養塩　*36*
遠洋漁業　*27*
横断的課題　*181*
沖合養殖　*172*
オペレーティングモデル　*9*

温室効果ガスインベントリ　*159*
オンライン版浜の道具箱　*129*

〈か行〉
海区漁業調整委員会　*183*
ガイドライン　*132*
買い物困難者　*153*
海洋環境の激変　*34*
海洋酸性化　*36*
価格安定化　*123*
革新的イノベーション戦略　*159*
過程誤差　*3*
眼球炎症　*82*
完全養殖　*74*
協業化　*65*
共同管理　*31, 115*
漁協女性部　*149*
漁業生産力　*64*
漁業法大改正　*177*
魚種交替（レジームシフト）　*40*
漁場環境整備　*36*
漁場の総合的利用　*65*
漁村女性起業グループ　*150*
漁村地域　*59*
漁村の暮らし　*155*
区画漁業権漁業者　*80*
グリーンウォッシング　*90*
結節症　*82*
県振興計画　*133*
現場と研究および政策の乖離　*125*
コベネフィット　*159*
コミュニティ・レジリエンス　*117*

〈さ行〉
再エネ海域利用法　*166*
産地市場の「基本的機能」　*147*
産地市場の「地域における機能」　*149*
産地ブランド　*87*

J-クレジット　163
Jブルークレジット　163
資源管理協定　116
資源管理方策評価法　9
資源管理方式　10
試験操業　133
資源増殖　36
事前復興　131
住民参加の重要性　142
状態空間モデル　3
食害生物　36
水産業の成長産業化　50
水産分野におけるデータ利活用ガイドライン
　　110
スケトウダラ　54
ステークホルダー　179
スマート水産業　97
生物多様性　30
操業コスト削減　123
ソウハチ　57

〈た行〉
大規模沖合養殖　73
大臣許可漁業　176
太平洋10年規模振動（Pacific Decadal Oscillation：
　　PDO）　40
短期養殖　74
地域営漁計画　65
地域漁業　61
　　──のマネジメント　61
地域知　182
地域流通　146
知事許可漁業　176
着床式　168
データ　98
　　──利活用　113
デジタルトランスフォーメーション　96
テレコネクション　41
テロワール・ペアリング　89
伝統知　182
トリチウム　139
（吸収源と食料生産の）トレードオフ　158

〈な行〉
ナッジ　91
200海里経済水域　27
年齢構造モデル　4

〈は行〉
バイオマス活用　164
配合飼料　73
浜の活力再生プラン（浜プラン）　70, 116
浜の道具箱　118
パリ協定　157
ハロー効果　90
東日本大震災　65
フィードバック　184
風評対策　139
複合経営　65
浮体式　168
浮沈式大型生簀　77
復興プロセス　136
不漁問題　38
ブルーカーボン・オフセット制度　163
ブルーカーボン生態系　158
ペラ・トムリンソン型モデル　3
放射性Cs　137
北海道日本海の漁業　51
ホッケ　56

〈ま行〉
マイワシ　27
マガレイ　57
マダラ　55
待ちの漁法　30
モデルの将来予測能力　8
藻場・干潟　29, 36

〈や行〉
洋上風力発電　166
養殖業成長産業化戦略　81
余剰生産モデル　2
四定条件　146

〈ら・わ行〉

陸上循環養殖　73

リバタリアン・パターナリズム　91

レジームシフト　27, 40

連鎖球菌症　82

ワークショップ　124

本書の基礎となったシンポジウム

令和4年度日本水産学会秋季大会シンポジウム（オンライン開催）
「新水産基本計画と水産科学：現場と政策の乖離を埋めるために必要な研究とは」
企画責任者：牧野光琢（東大大海研）・石川智士（東海大海洋）

趣旨説明　　　　　　　　　　　　　　　　　　　　牧野光琢　（東大大海研）
基調講演：新水産基本計画の狙いと水産業の将来像　　山里直志　（水産庁企画課）

I. 第1の柱　海洋環境の変化も踏まえた水産資源管理の着実な実施
　　1. 資源評価の最新理論と政策　　　　　　　　　　北門利英　（海洋大）
　　2. 沿岸資源の評価と管理　　　　　　　　　　　　片山知史　（東北大）
　　3. 沿岸漁業における「新たな資源管理」と「海洋環境変化」　三浦秀樹　（全漁連）
　　4. 気候変動と不漁問題　　　　　　　　　　　　　中田　薫　（水産機構）
　　5. 国際的な漁業資源の現状　　　　　　　　　　　西田　宏　（水産機構）

II. 第2の柱　増大するリスクも踏まえた水産業の成長産業化の実現
　　1. 沿岸漁業の持続性確保と漁村地域の存続　　　　板谷和彦　（函館水試）
　　2. 成長産業化の方向性と課題　　　　　　　　　　工藤貴史　（海洋大）
　　3. 日本の養殖業における現状と成長産業化の課題　金柱　守　（日本水産）
　　4. エコラベルと水産物輸出の促進　　　　　　　　大石太郎　（海洋大）
　　5. 沿岸漁業におけるDX実装に向けた課題　　　　桑村勝士　（宗像漁協）

III. 第3の柱　地域を支える漁村の活性化の推進
　　1. 漁業関係者による浜プランの改善の仕組み「浜の道具箱」　竹村紫苑　（水産機構）
　　2. 現場の求める事前復興〜福島県における震災・原発事故への対応を基に〜
　　　　　　　　　　　　　　　　　　　　　　　　鷹﨑和義　（福島県水産事務所）
　　3. 水産物地域流通の再評価と再構築の検討　　　　副島久実　（摂南大）
　　4. ブルーカーボンを活用した水産業からの気候変動対策とその社会実装
　　　　　　　　　　　　　　　　　　　　　　　　堀　正和　（水産機構）
　　5. 洋上風力と漁業の共存の道をさぐる　　　　　　塩原　泰　（海産研）

IV. 総合討論　　　　　　　　　　　　　　　　　　　森下丈二　（海洋大）

閉会のあいさつ　　　　　　　　　　　　　　　　　八木信行　（東大農）

出版委員

甘糟和男　岩滝光儀　内田勝久　遠藤雅人
大島千尋　木下滋晴　熊谷祐也　小糸智子
田代有里　團　重樹　本郷悠貴

e-水産学シリーズ〔8〕　　　　定価はカバーに表示

水産科学と水産政策
―現場と政策の乖離を埋めるために必要な研究とは

Fisheries Science and Fisheries Policy: Research to Bridge the
Gap between the Field and Policy

2025 年 1 月 10 日発行

編　者　　牧　野　光　琢
　　　　　石　川　智　士

監　修　　公 益 社 団 法 人
　　　　　日 本 水 産 学 会

〒 108-8477　東京都港区港南　4-5-7
　　　　　　　東京海洋大学内

〒 160-0008
東京都新宿区四谷三栄町 3-14　株式　**恒星社厚生閣**
発行所　Tel　03（3359）7371　会社
　　　　Fax　03（3359）7375

© 日本水産学会，2025.
印刷・製本　（株）デジタルパブリッシングサービス

好評既刊本

水産改革と魚食の未来

八木信行 編

70年ぶりの改正漁業法により水産改革が進む。海外の事例も比較し水産政策を論議
●四六判・208頁・定価2,860円（税込）

e-水産学シリーズ 4
東日本大震災から10年 海洋生態系・漁業・漁村

片山知史・和田敏裕・河村知彦 編

東日本大震災から10年。水産業・地域社会への影響と残された課題を改めて整理
●A5判・186頁・定価4,510円（税込）

沿岸資源調査法

片山知史・松石 隆 著

沿岸漁業や地域経済の再生を目指し，持続的生産を見据えた漁業の将来を考える
●B5判・110頁・定価2,750円（税込）

水産学シリーズ 184
新技術開発による東日本大震災からの復興・再生

竹内俊郎・佐藤 實・渡部終五 編

東日本大震災からの復興・再生に向け，水産関連の新産業創生を図り，その成果をまとめる
●A5判・140頁・定価3,960円（税込）

サロマ湖はホタテガイを何枚育ててくれるか？

門谷 茂・阪口耕一 編

二枚貝の持続的生産に向け漁協が独自に管理目標を設定。先進的取り組みを紹介
●A5判・152頁・定価1,980円（税込）

水産研究・教育機構叢書
海洋保護区で魚を守る －サンゴ礁に暮らすナミハタのはなし

名波 敦・太田 格・秋田雄一・河端雄毅 著

石垣島近海のサンゴ礁の魚，ナミハタの生態や海洋保護区による保全の研究を解説
●A5判・238頁・定価2,750円（税込）

恒星社厚生閣